AF648802

CHEMISCHES PRAKTIKUM

FÜR ANFÄNGER

MIT BERÜCKSICHTIGUNG DER TECHNOLOGIE

VON

PROF. DR. ARTHUR BINZ

ZWEITE, VÖLLIG UMGEARBEITETE AUFLAGE

BERLIN UND LEIPZIG 1926

WALTER DE GRUYTER & CO.

VORMALS G. J. GÖSCHEN'SCHE VERLAGSHANDLUNG / J. GUTTENTAG, VERLAGS-BUCHHANDLUNG / GEORG REIMER / KARL J. TRÜBNER / VEIT & COMP.

Alle Rechte, insbesondere das der Übersetzung, vorbehalten

Copyright 1926 by Walter de Gruyter & Co.,
Berlin und Leipzig

Druck von Walter de Gruyter & Co., Berlin W 10

Aus dem Vorwort zur ersten Auflage.

Ein chemisches Praktikum für Anfänger soll die wesentlichsten Reaktionen der wichtigsten anorganischen Substanzen zum Gegenstand haben. Dieser Lehrstoff kann in zweifacher Weise übermittelt werden. Entweder „man macht die Schüler lediglich mit der Art und Weise bekannt, wie rein wissenschaftliche Fragen lösbar sind“ [1]), oder aber man knüpft an die Verfahren der Technik an.

Liebig hat letztere Methode grundsätzlich verworfen und nur die erstere ausgebildet, weil die angewandte Chemie seinerzeit noch zu unentwickelt war, um diadktisch Geeignetes zu bieten. Aus seiner Schule sind Generationen der tüchtigsten Praktiker hervorgegangen, und die Folge davon war die Durchdringung der angewandten Chemie mit wissenschaftlichem Geiste. Dadurch erhielt sie jenen didaktischen Wert, der ihr zu Liebigs Zeit abging. Es besteht darum heute kein Bedenken mehr, auch solche Stoffe beim Studium heranzuziehen, die der Industrie entlehnt sind. Allerdings geschieht es im Laboratorium nur bei einzelnen, für vorgeschrittene Schüler bestimmten Versuchen und mitunter bei Doktorarbeiten. Der Anfängerunterricht ist durchweg noch nach Liebigs Prinzip organisiert, weil es durch Zeit und Erfolg gleichsam geheiligt ist.

Mit diesem traditionellen System sind nicht alle neueren Unterrichtszwecke vereinbar. An Lehranstalten, die unmittelbar praktische Ziele verfolgen müssen, insbesondere an Handels-Hochschulen, genügt es nicht, wenn lediglich solche

---

[1]) J. v. Liebig, Über das Studium der Naturwissenschaften und über den Zustand der Chemie in Preußen, 1840 (Reden und Abhandlungen, 1874, S. 30).

Präparate und Reaktionen vorkommen, die theoretische Einblicke gewähren; vielmehr will der Studierende die wichtigsten Waren der Großindustrie (wie z. B. Chilesalpeter, Carnallit, Thomasmehl, Zement u. a.), die sonst nur im Kolleg gezeigt werden, als Übungsobjekte in die Hand bekommen.

Diesem Bedürfnis tragen die experimentellen Leitfäden, die an Universitäten und technischen Hochschulen eingeführt sind, nicht Rechnung, und darum wird in vorliegendem „Praktikum" der Versuch gemacht, die wissenschaftlichen Grundlagen der anorganischen Chemie mit den technologischen zu vereinigen.

Bei der Einteilung des Stoffes wurde dem speziellen Zweck entsprechend von den verschiedenen wissenschaftlich bewährten Gesichtspunkten derjenige gewählt, der zugleich industrielle Verhältnisse zu erkennen gestattet: Der erste Abschnitt handelt von den Leichtmetallen, Basen, Salzen und Säuren; der zweite von den hüttenmännisch wichtigsten Schwermetallen.

Das Experimentelle ist so einfach gehalten, daß Anfänger es ausführen können. Auf eine Erläuterung von Geräten, deren Gebrauch vom Leiter des Unterrichts mühelos gezeigt werden kann, wurde verzichtet. Die Übungen sind als Vorbereitung zum Studium der qualitativen Analyse gedacht. Um den Stoff nicht allzu sehr zu häufen, wurde eine Reihe von Reaktionen weggelassen, die man sonst schon im Anfängerkursus zu bringen pflegt, die sich aber ebenso gut bei der Analyse lernen lassen, z. B. die Bildung von pyrantimonsaurem Natrium und ähnliches.

Die den „Versuchen" hinzugefügten theoretischen Erklärungen sind in ihrer Kürze selbstverständlich nicht erschöpfend und sollen lediglich auf das Wichtigste hinweisen.

Berlin, Ostern 1909.

Chemisches Institut der Handels-Hochschule.

A. Binz.

Vorwort zur zweiten Auflage.

Die erste Auflage wurde hauptsächlich für Handels-Hochschüler, also für junge Kaufleute geschrieben. In der Zwischenzeit ist infolge der gewaltigen wirtschaftgeschichtlichen Ereignisse das Interesse weiter Kreise an Chemie und Technologie noch gestiegen, so daß das Buch sich heute auch an Landwirte, Mediziner, Nationalökonomen und Juristen wendet. Es ist auch, wie ich aus dem Urteil von Fachgenossen bei der ersten Auflage erfuhr, für den Chemiker im ersten Semester nicht ungeeignet. Im Hinblick darauf sind die meisten derjenigen Reaktionen aufgenommen, welche der junge Chemiker erlernen muß. Insofern diese Reaktionen für den studierenden Nicht-Chemiker ein geringeres Interesse haben, wurde Kleindruck gewählt. —

Herrn Dr. Erich Lehmann, Unterrichtsassistenten am chemischen Institut der Landwirtschaftlichen Hochschule Berlin, danke ich bestens für seine vortreffliche Unterstützung bei der Neubearbeitung des Buches.

Berlin, Ostern 1926.

Chemisches Institut der Landwirtschaftlichen Hochschule.

A. Binz.

Inhalt.

Seite

I. Die Leichtmetalle und ihre Salze. Basen und Säuren 1
- 1. Verbindungen des Natriums, Ammoniums und Kaliums. Die wichtigsten Säuren 1
- 2. Calcium, Strontium, Baryum 25
- 3. Magnesium 34
- 4. Aluminium 36

II. Die Schwermetalle 47
- 1. Zink 47
- 2. Eisen 50
- 3. Nickel 56
- 4. Chrom 56
- 5. Mangan 60
- 6. Kupfer 62
- 7. Quecksilber 67
- 8. Silber und Gold 71
- 9. Zinn 73
- 10. Blei 76
- 11. Arsen 80
- 12. Antimon 84
- 13. Wismut 85

Register 89

I. Die Leichtmetalle und ihre Salze. Basen und Säuren.

1. Verbindungen des Natriums, Ammoniums und Kaliums. Die wichtigsten Säuren.

Versuch 1. Eine Messerspitze Natriumchlorid (Kochsalz, NaCl) übergieße man in einem Reagensglas mit 1—2 ccm konzentrierter Schwefelsäure. Es entweicht Chlorwasserstoffgas, HCl, dessen Menge sich bei gelindem Erwärmen in der Flamme des „Bunsenbrenners" vermehrt. Das Gas bildet mit der Luftfeuchtigkeit einen stechend riechenden (Vorsicht beim Einatmen!) Nebel. Im Glase hinterbleibt Natriumsulfat, Na_2SO_4:

$$2\,NaCl + H_2SO_4 = 2\,HCl + Na_2SO_4.$$

Natriumsulfat dient hauptsächlich zur Herstellung von Soda und von Glas. Chlorwasserstoff in wäßriger Lösung wird Salzsäure genannt.

Versuch 2. Man tauche einen Glasstab in verdünnte Salzsäure und benetze damit blaues Lackmuspapier. Dieses färbt sich rot, eine Reaktion, die allen in Wasser gelösten Säuren gemein ist.

Lackmuspapier ist oftmals durch die Säuredämpfe des Laboratoriums rot gefärbt, auch wenn es ursprünglich blau war. Die blaue Farbe wird, wenn nötig, für Versuch 2 wieder hergestellt, indem man das Papier mit Wasser anfeuchtet und über die Mündung eines mit Ammoniaklösung gefüllten Gefäßes hält.

Versuch 3. Zum Nachweis des Wasserstoffs, H, im Chlorwasserstoff stelle man ein Reagensglas in den hölzernen

Reagensglasständer, bringe einige Stückchen granuliertes Zink, Zn, hinein und übergieße sie mit 1—2 ccm konzentrierter, etwa 39-prozentiger Salzsäure. Nähert man jetzt sofort die Bunsenflamme der Mündung des Gefäßes, so verbrennt der entwickelte Wasserstoff unter Verpuffung („Knallgas" = Mischung von Wasserstoff und Sauerstoff). Das entstandene Zinkchlorid, $ZnCl_2$, bleibt in Lösung:

$$Zn + 2\,HCl = ZnCl_2 + 2\,H$$
$$2\,H_2 + O_2 = 2\,H_2O.$$

Die erste dieser Gleichungen enthält eine wesentliche Charakteristik aller Säuren: Es sind wasserstoffhaltige Verbindungen, deren Wasserstoff sich ganz oder teilweise durch Metall ersetzen läßt. Die so entstehenden Verbindungen nennt man Salze.

Die zweite Gleichung zeigt die Synthese des Wassers, welches bei Versuch 3 als Dampf entweicht.

Wasserstoff ist 14,3-mal leichter als Luft (Füllung der Luftschiffe). — Wasserstoff brennt mit sehr heißer Flamme, wird in komprimiertem Zustande aus Stahlflaschen ausströmend angezündet und schweißt Eisen ohne Lotmetall („autogene Schweißung"). — Steinkohle enthält Kohlenstoff, C, Wasserstoff und geringere Mengen Sauerstoff, Stickstoff und Schwefel in chemischer Bindung. Beim Glühen der Kohle in Tonretorten entweichen Bestandteile der Kohle in Form von Leuchtgas, bestehend aus einem Gemisch von etwa 48 Volumprozent Wasserstoff, 32 Vol. % Methan, CH_4, 8 Vol. % Kohlenoxyd, CO.

Versuch 4. Zum analytischen Nachweis des Chlors im Natriumchlorid sowohl wie in der Salzsäure bedient man sich des Silbernitrates, $AgNO_3$:

Eine geringe Menge Natriumchlorid wird in destilliertem Wasser gelöst und mit einigen Tropfen einer ungefähr 10-prozentigen Lösung von Silbernitrat versetzt. In der gleichen Weise verfährt man mit einer geringen Menge verdünnter Salzsäure. In beiden Fällen entsteht ein Niederschlag von weißem Silberchlorid, AgCl:

$$NaCl + AgNO_3 = AgCl + NaNO_3$$
$$HCl + AgNO_3 = AgCl + HNO_3.$$

$NaNO_3$ (Salpeter) und HNO_3 (Salpetersäure) bleiben in Lösung.

Bei chemischen Arbeiten verwendet man destilliertes Wasser, weil die im gewöhnlichen Wasser vorhandene Mineralsubstanzen die chemischen Reaktionen stören, insbesondere wo es sich um Analysen handelt.

Die physikalische Chemie lehrt, daß Salze, Säuren und Basen (s. u.) in wäßriger Lösung in Ionen (elektrisch geladene Atome oder Atomkomplexe) gespalten sind („elektrolytische Dissoziation"). Die beiden obigen Gleichungen sind insofern identisch als die negativ geladenen Chlorjonen sowohl des Natriumchlorids als auch des Chlorwasserstoffs mit den positiv geladenen Silberjonen zusammentreten:

$$Cl' + Ag^{\cdot} = AgCl.$$

Die negative Ladung bezeichnet man, wie vorstehend, durch einen Strich, die positive durch einen Punkt.

Versuch 5. Zur Gewinnung von Chlor aus Chlorwasserstoff übergieße man im Reagensglas ein wenig gepulverten Braunstein (Mangandioxyd, MnO_2) mit einigen ccm konz. Salzsäure und erwärme gelinde. Es entweicht gelbes, die Lunge stark angreifendes Chlorgas (darum Vorsicht!).

Die Reaktion kommt dadurch zustande, daß zunächst Mangantetrachlorid entsteht und daß dieses unter Abgabe von Chlor zerfällt:

$$MnO_2 + 4\,HCl = MnCl_4 + 2\,H_2O$$
$$MnCl_4 = MnCl_2 + Cl_2$$

Versuch 6. Einige ccm einer Lösung von käuflichem Indigkarmin (indigodisulfosaures Natrium) wird mit Chlorwasser versetzt, bis die blaue Farbe vollkommen verschwunden ist und einer gelblichen Platz gemacht hat.

Indigkarminlösung (4 g in 1 l Wasser) und Chlorwasser werden für diesen Versuch im Laboratorium vorrätig gehalten. Chlorwasser entsteht durch Einleiten von Chlor in Wasser (wobei sich indessen viel weniger löst als beim Einleiten des Chlorwasserstoffs).

Versuch 6 zeigt die bleichende Wirkung des Chlors.

Chlor wurde früher nach dem Verfahren von Versuch 5 dargestellt. Es ist überholt durch die billigeren Gewinnungen durch Elektrolyse von Natrium- oder Kaliumchlorid oder durch Überleiten von Luft und Chlorwasserstoff über glühendes Kupfersulfat. Chlor kommt in Stahlflaschen komprimiert in den Handel. Es dient zur Fabrikation von Chlorkalk, Chloroform usw.

Versuch 7. Eine Messerspitze Chlorkalk (Bleichkalk) wird in einem Reagensrohr mit einigen Kubikzentimeter Wasser übergossen. Dazu bringt man wiederum den zu bleichenden Farbstoff und einige Tropfen einer Säure. Die Wirkung ist dieselbe wie bei Versuch 6.

Bleichkalk, $CaCl(OCl)$, wird durch Überleiten von Chlor über gelöschten Kalk erhalten. Sein Chlorgehalt beträgt bis zu 43%, während Chlorwasser nur etwa 0,8% enthält. Daher ist Chlorkalk die Handelsware. Durch Zusatz von Säure wird der Kalk gebunden und das Chlor in Freiheit gesetzt. Chlorkalk dient in großem Maßstabe zum Bleichen von Kattun und zum Desinfizieren.

Versuch 8. Eine Lösung von Bromkalium oder Bromnatrium in Wasser wird mit Chlorwasser versetzt. Es scheidet sich das braune Brom aus, das durch „Ausschütteln" mit Chloroform sichtbar gemacht wird.

$$2\,NaBr + Cl_2 = 2\,NaCl + Br_2.$$

Brom findet sich in Form seiner Salze im Meere (0.015 %), in Solen und in den Staßfurter Salzen. Es bleibt bei der Verarbeitung der letzteren in den Abwässern, wird unter Einleiten von Chlor herausdestilliert und bei der Bereitung gewisser Heilmittel (Bromkalium u. a.) und Teerfarbstoffe (Eosin u. a.) gebraucht.

Versuch 9. Eine Lösung von Jodkalium oder Jodnatrium wird tropfenweise mit Chlorwasser versetzt. Ausscheidung von violettem Jod (Ausschütteln mit Chloroform).

$$2\,NaJ + Cl_2 = 2\,NaCl + J_2.$$

Ein größerer Überschuß an Chlorwasser ist zu vermeiden, da dadurch das Jod wieder unsichtbar wird, weil Jodsäure entsteht:

$$J_2 + 5\,Cl_2 + 6\,H_2O = 2JO_3H + 10\,HCl.$$

Jod befindet sich in Salzform in geringen Mengen (0.001 %) im Meereswasser. Es wird hauptsächlich aus den Ablaugen des Chilesalpeters gewonnen und auf Heilmittel wie Jodkalium, Jodoform usw. verarbeitet. Es ist als Bestandteil der Schilddrüse notwendig für den Organismus.

Versuch 10. Lösungen von Bromnatrium einerseits, von Jodnatrium andererseits werden mit einer Lösung von Silbernitrat versetzt. Es fallen schwachgelbes Silberbromid und stärker gelbes Silberjodid aus:

$$NaBr + NO_3Ag = AgBr + NO_3Na$$
$$NaJ + NO_3Ag = AgJ + NO_3Na.$$

Versuch 11. 4 g Natriumhydroxyd (Ätznatron, NaOH) werden in einem kleinen Erlenmeyerkolben in 6 ccm Wasser gelöst. Dazu gieße man vorsichtig und tropfenweise 10 ccm konzentrierter Salzsäure. Unter starker Selbsterwärmung findet Ausscheidung eines Salzes (Natriumchlorid) statt:

$$NaOH + HCl = NaCl + H_2O.$$

Falls die Ausscheidung der Natriumchloridkrystalle nach einigen Minuten noch nicht erfolgt sein sollte, so gebe man noch einige ccm konz. Salzsäure hinzu.

Versuch 12. Man tauche einen Glaßstab in verdünnte Natronlauge (wäßrige Lösung von Natriumhydroxyd) und benetze damit rotes Lackmuspapier. Dieses färbt sich blau. Wasser, welches mit einigen Tropfen einer alkoholischen Lösung von Phenolphtaleïn versetzt wurde, wird von Natronlauge tief rot gefärbt.

Natriumhydroxyd dissoziiert in wäßriger Lösung in positiv geladene Natriumjonen und negativ geladene Hydroxyljonen:

$$NaOH = Na^{\cdot} + OH'.$$

Die Natriumjonen sind an der Blau- resp. der Rotfärbung nicht beteiligt. Es ist dies vielmehr lediglich eine Wirkung der Hydroxyljonen. In derselben Weise äußern sich alle „Metallhydroxyde" („Basen"), soweit sie in Wasser löslich sind. Beispiele sind: Kaliumhydroxyd, KOH; Calciumhydroxyd, $Ca(OH)_2$; Ammoniumhydroxyd, $NH_4 . OH$, in welchem die Ammoniumgruppe NH_4 die Rolle eines Metallatomes spielt.

Die Wirkung der Hydroxyljonen auf Lackmus und auf Phenolphtaleïn bezeichnet man als alkalische Reaktion, weil die Erscheinung bei den Hydroxyden der Alkalimetalle, deren wichtigste Natrium und Kalium sind, am stärksten hervortritt.

Wie Basen in wäßriger Lösung durch negativ geladene Hydroxyljonen, so sind wäßrige Säuren durch positiv geladene Wasserstoffjonen charakterisiert (zweite Definition des Begriffes Säure. Die erste s. bei Versuch 3), so z. B. zerfällt Chlorwasserstoff in Wasser im Sinne der Gleichung:

$$HCl = H^{\cdot} + Cl'.$$

Die Rotfärbung von Lackmus (Versuch 2) ist also eine Wirkung der Wasserstoffjonen.

Da Lackmus in wäßriger Lösung durch Säuren rot, durch Alkalien blau gefärbt wird, so ist es ein „Indikator“ für den sauren oder basischen (alkalischen) Charakter einer in Wasser löslichen Substanz. Phenolphtaleïn ist ein Indikator für alkalische Reaktion. Liegt weder eine Säure noch ein Alkali vor, so bleiben die Indikatoren unverändert („neutrale Reaktion“, Beispiel: Natriumchlorid).

Bei Versuch 11 wurde gezeigt, daß aus Natronlauge und Salzsäure Chlornatrium entsteht. Allgemein kann man sagen:

Ein Salz entsteht dadurch, daß sich Säure und Base unter Austritt von Wasser neutralisieren. (Zweite Definition der Salze, die erste siehe bei Versuch 3.)

Das Wesen der Neutralisation erblickt man in der Vereinigung von Wasserstoff- und Hydroxyljonen:

$$OH' + H^{\cdot} = H_2O,$$

tatsächlich spielen also bei der Gleichung von Versuch 11 die Natrium- und die Chlorjonen keine Rolle. Bei Anwesenheit der hinreichenden Menge Wasser würden sie sich nach der Reaktion ebenso in Lösung befinden wie vorher. Die Ausscheidung von Natriumchlorid erfolgt nur durch Zusatz eines Überschusses von Salzsäure, wodurch dem Salz das Lösungsmittel entzogen wird.

Versuch 13. In einem Glaskolben werden etwa 5 g Stearinsäure, $C_{17}H_{35}.CO_2H$, mit etwa 100 ccm Wasser erhitzt, bis die Stearinsäure schmilzt. Werden jetzt 5 ccm verdünnter Natronlauge hinzugefügt, so löst sich die Stearinsäure unter starkem Schäumen, welches die Bildung von Seife kennzeichnet:

$$C_{17}H_{35}.CO_2H + NaOH = C_{17}H_{35}.CO_2Na + H_2O.$$

Seifen nennt man die Alkalisalze gewisser aus Fett erhältlichen „Fettsäuren“, und zwar heißen die Kaliumsalze Schmierseifen, die Natriumsalze Kernseifen.

In der organischen Chemie ist der Träger des sauren Charakters die „Carboxylgruppe“ COOH, die mit anderen Atomen oder Atomgruppen verbunden ist und ein durch Metall ersetzbares Wasserstoffatom hat.

Versuch 13 veranschaulicht die Bedeutung des Natriumhydroxydes, welches auch im übrigen vielseitige Verwendung findet (in der Textilindustrie, bei der Herstellung von Teerfarben, von Heilstoffen usw.).

Versuch 14. Eine kleine Menge Natriumnitrat (Chilesalpeter, NO_3Na) wird in einem Reagensrohr mit wenig konz. Schwefelsäure gelinde erhitzt. Es entweicht braungelbe Salpetersäure, NO_3H (Vorsicht beim Einatmen!), die sich zum Teil an den kalten Stellen des Gases zu einer Flüssigkeit kondensiert:

$$2\,NO_3Na + SO_4H_2 = 2\,NO_3H + SO_4Na_2.$$

Die Salpetersäure zerfällt beim Erhitzen zum Teil in braunes Stickstoffdioxyd, NO_2, Sauerstoff und Wasser:

$$2\,NO_3H = 2\,NO_2 + O + H_2O$$

oder in schematischer Darstellung, welche häufig anschaulicher ist als die chemische Gleichung:

NOO | O | H

NOO | O H

Infolge der Möglichkeit der Sauerstoffabgabe ist Salpetersäure ein „Oxydationsmittel", wie an folgenden zwei Reaktionen erkannt wird:

Versuch 15. Indigcarminlösung (vgl. Versuch 6) wird mit konz. Salpetersäure zusammengebracht. Der Sauerstoff der Säure zerstört die blaue Farbe.

Versuch 16. Mit mehreren ccm Wasser mische man wenige Tropfen verd. Salpetersäure und ebenfalls eine kleine Menge einer Lösung von salzsaurem Diphenylamin, $(C_6H_5)_2NH \cdot HCl$, einem Produkte der Steinkohlenteer-Industrie. Jetzt läßt man konz. Schwefelsäure langsam an der Innenwandung des schräg gehaltenen Reagensglases hinablaufen, so daß sie die wäßrige Lösung unterschichtet. An der Berührungsfläche entsteht durch Oxydation des Diphenylamins eine blaue Schicht.

Versuch 17. Zu wenig verd. Salpetersäure gießt man einen Tropfen einer frisch bereiteten Lösung von 1 g Eisenvitriol in 5 ccm Wasser. Dann unterschichte man so wie beim vorigen Versuch vorsichtig mit konz. Schwefelsäure. An der Berührungsstelle entsteht ein brauner Ring von Dinitroso-Ferrosulfat, $[Fe(NO)_2]SO_4$, entstanden durch Zerfall der Salpetersäure ($2NO_3H = 2NO_2 + O + H_2O$), Reduktion des Stickstoffdioxydes durch das Ferrosalz zu Stickoxyd, NO, und Addition des letzteren an das Ferrosulfat.

Versuch 18. Eine Messerspitze (etwa 0,2 g) paraphenolsulfosaures Natrium[1]) wird mit etwa $^1/_2$ ccm

[1]) Von der chem. Fabrik Kahlbaum (Berlin) bezogen.

konz. Salpetersäure gelinde erwärmt. Gelbfärbung. Zusatz von etwas Natronlauge scheidet pikrinsaures Natrium aus.

p-phenolsulfosaures Natrium wird aus Phenol (Karbolsäure) und Schwefelsäure dargestellt und besteht aus einem Atomkomplex C_6H_4, an welchem die Gruppen OH und SO_3Na gebunden sind. Durch Einwirkung der Salpetersäure entsteht Pikrinsäure:

$$C_6H_4\begin{cases}OH\\SO_3Na\end{cases} + 3\,NO_2.OH = C_6H_2\begin{cases}OH\\NO_2\\NO_2\\NO_2\end{cases} + SO_4NaH + 2\,H_2O.$$

Die Salpetersäure wirkt hier durch ihre „Nitrogruppe", NO_2. Pikrinsäure dient zum Füllen von Granaten. Salpetersäure führt Glyzerin in Nitroglyzerin und Cellulose in Nitrocellulose (Schießbaumwolle) über. Eine gewisse Art Nitrocellulose dient zur Herstellung von künstlicher Seide. Benzol, C_6H_6, wird durch Salpetersäure in Nitrobenzol, $C_6H_5.NO_2$, das Zwischenprodukt zur Herstellung von Anilinfarben, übergeführt.

Versuch 19. a) Reduktion des Natriumnitrates zu Natriumnitrit. In einem kleinen, auf einem Tondreieck erhitzten Porzellantigel verrühre man etwa eine Minute lang 2 g kleingeschnittenes Blei mit 1 g schmelzendem Chilesalpeter. Es entstehen Natriumnitrit, $NaNO_2$, ein farbloses Salz, und gelbes Bleioxyd, PbO:

$$NO_3Na + Pb = NO_2Na + PbO.$$

Eine derartige Reaktion nennt man eine Reduktion derjenigen Substanz, welcher der Sauerstoff entzogen wird, und eine Oxydation derjenigen, auf die der Sauerstoff einwirkt.

Man lauge die Schmelze mit einigen Kubikzentimetern heißem Wasser aus, wobei das Nitrit sich löst, und filtriere in ein Reagenzglas. Zum Filtrat gieße man unter dem Abzug etwas konz. Schwefelsäure. Es entsteht ein Gasgemisch, das man sich einzuatmen hüte, da es Kopfweh verursacht. Die Reaktion verläuft in zwei Phasen; zuerst entsteht salpetrige Säure, NO_2H, und diese zerfällt in „Stickoxyde" und Wasser:

$$2\,NO_2Na + SO_4H_2 = 2\,NO_2H + SO_4Na_2$$
$$2\,NO_2H = NO + NO_2 + H_2O$$

oder:
$$\begin{array}{l} NOO|H \\ \hline NO|OH \end{array}$$

Die aus dem Natriumnitrit durch Schwefelsäure freigemachte salpetrige Säure ist also im Gegensatz zur Salpetersäure, die sich unzersetzt destillieren läßt, nicht beständig; das eine Zerfallsprodukt, das Stickoxyd, NO, ist ein farbloses Gas, das andere, Stickstoffdioxyd, NO_2, ist ein braunes Gas.

b) In eine verdünnte, mit einigen Tropfen Salzsäure versetzte Lösung von Natriumnitrit tauche man „Jodkali-stärke-papier". Dieses färbt sich infolge von Jodausscheidung schwarzblau.

Das Papier ist mit Jodkalium und Stärke imprägniert. Die Salzsäure macht salpetrige Säure und Jodwasserstoff frei:

$$NaNO_2 + HCl = NO_2H + NaCl$$
$$JNa + HCl = JH + NaCl.$$

Die salpetrige Säure oxydiert den Jodwasserstoff:

$$NO_2H + HJ = NO + H_2O + J.$$

Das Jod bläut die Stärke.

Versuch 20. Man löse[1]) 0,5 g sulfanilsaures Natrium in 150 ccm 50-prozentiger Essigsäure, ferner erhitze man 0,1 g α-Naphtylamin in 20 ccm Wasser, füge 150 ccm 50-prozentiger Essigsäure hinzu und vereine diese Lösung mit der Sulfanilsäure. Sollte sich das Gemisch röten, so entfärbe man es mit ein wenig Zinkstaub. Zu der nunmehr farblosen Lösung werden einige Tropfen Nitritlösung gefügt. Intensive Rotfärbung.

Diese Reaktion, deren Erklärung in die organische Chemie gehört, veranschaulicht die Wichtigkeit des Natriumnitrits zur Darstellung der „Azofarbstoffe", deren es eine große Reihe gibt und die alle durch Einwirkung von Nitrit auf verschiedene aus Steinkohlenteer erhaltene Produkte gewonnen werden.

---

[1]) Diese Lösungen werden nicht vom Praktikanten hergestellt, sondern im Laboratorium vorrätig gehalten.

Bei der Darstellung von Natriumsulfat und Salzsäure (Versuch 1), sowie von Salpetersäure (Versuch 14) wurde Schwefelsäure gebraucht. Diese auch für andere technische Zwecke höchst wichtige Verbindung entsteht durch Oxydation von Schwefeldioxyd:

Versuch 21. Verbrennung von Schwefel zu Schwefeldioxyd. Eine Messerspitze voll Schwefel wird auf dem Deckel eines Porzellantiegels erhitzt. Zuerst schmilzt die Masse, dann verbrennt sie mit blauer Flamme zu Schwefeldioxyd, SO_2. Ein darüber gehaltenes befeuchtetes blaues Lackmuspapier rötet sich.

$$S + O_2 = SO_2$$

Schwefeldioxyd ist ein stechend riechendes Gas.

Versuch 22. Eine geringe Menge Natriumsulfit, Na_2SO_3, oder des in Lösung käuflichen Natriumbisulfits, $NaHSO_3$, wird mit verdünnter Salzsäure übergossen. Es entweicht dasselbe stehend riechende (Vorsicht!) [1]) Schwefeldioxyd wie bei Versuch 21:

$$Na_2SO_3 + 2\,HCl = H_2SO_3 + 2\,NaCl$$
$$NaHSO_3 + HCl = H_2SO_3 + NaCl$$
$$H_2SO_3 \rightleftarrows SO_2 + H_2O$$

Schwefeldioxyd ist ein „Säureanhydrid" (Säure minus Wasser), welches sich im Sinne des von rechts nach links gerichteten Pfeiles mit Wasser zu schwefliger Säure vereinigt. Letztere ist unbeständig und zerfällt beim Erwärmen und bei großer Konzentration im Sinne des von links nach rechts gerichteten Pfeiles. Die Salze der schwefligen Säure heißen Sulfite (die der Schwefelsäure Sulfate). In der schwefligen Säure lassen sich, ebenso wie in der Schwefelsäure und in anderen Säuren, die Wasserstoffatome nacheinander durch Neutralisation ersetzen:

$$SO_3H_2 + NaOH = SO_3NaH + H_2O$$
$$SO_3H_2 + 2\,NaOH = SO_3Na_2 + 2\,H_2O$$

Das saure Salz wird Bisulfit genannt, weil hier ein Molekül Base

---

[1]) Bei Prüfung des Geruches von Chemikalien halte man zunächst nie das Gefäß an die Nase, sondern treibe mit der Hand die Luft über dem Gefäß dem Gesichte zu. Erst wenn der dabei wahrnehmbare schwache Geruch sich als erträglich erweist, kann eine nähere Prüfung stattfinden.

mit zweimal soviel Säure in Reaktion getreten ist wie bei dem neutralen Salz.

In Stahlflaschen verflüßigtes Schwefeldioxyd, Natriumsulfit und Natriumbisulfit dienen zum Konservieren von Lebensmitteln. Mit Schwefeldioxyd und Natriumbisulfit bleicht man Wolle.

Versuch 23. Analytischer Nachweis von schwefligsaurem neben schwefelsaurem Salz. Man bringe in ein Reagenzrohr eine kleine Menge Natriumsulfat, in ein anderes eine kleine Menge Natriumsulfit, löse die Salze in Wasser und gebe Baryumchlorid hinzu. Es entstehen weiße Niederschläge von Baryumsulfat, $BaSO_4$, und Baryumsulfit, $BaSO_3$:

$$Na_2SO_4 + BaCl_2 = BaSO_4 + 2\,NaCl$$
$$Na_2SO_3 + BaCl_2 = BaSO_3 + 2\,NaCl.$$

Der Niederschlag von Baryumsulfit lößt sich beim Erwärmen mit ein wenig Salzsäure:

$$BaSO_3 + 2HCl = SO_2 + H_2O + BaCl_2.$$

Durch diese Reaktion unterscheiden sich Sulfite von Sulfaten. Da aber das käufliche Natriumsulfit fast immer auch etwas Natriumsulfat enthält, so ist die Reaktion selten eindeutig, insofern beim Erwärmen des aus Sulfit gefällten Niederschlages mit Salzsäure meistens auch etwas unlösliches Baryumsulfat zurückbleibt. Besser ist folgende Reaktion zur Erkennung von schwefliger Säure und ihren Salzen:

Versuch 24. Einige Tropfen einer Jod-jodkaliumlösung werden mit einer Lösung von Natriumbisulfit versetzt. Die braune Farbe des Jodes verschwindet:

$$2\,J + NaHSO_3 + H_2O = 2\,HJ + NaHSO_4.$$

Jod löst sich nur in einem Betrage von etwa 0,02 Proz. in Wasser, reichlich dagegen in einer konzentrierten Lösung von Jodkalium unter Bildung von Kaliumtrijodid, KJ_3. Man bezeichnet eine solche Lösung als „Jod-Jodkalium"; sie zeigt die Reaktionen des freien Jodes.

Die höhere Oxydationsstufe des Schwefels, das Schwefeltrioxyd, SO_3 (Schwefelsäureanhydrid) wird durch einfaches Verbrennen mit Luftsauerstoff nicht erreicht, infolgedessen kann man auf diesem Wege auch nicht zum Hydrat des Schwefeltrioxyds, der Schwefelsäure, H_2SO_4, gelangen. Hierfür muß man stärkere Oxydationsmittel anwenden:

Versuch 25. 1 g gepulverter Pyrit (Schwefelkies, Schwefeleisen, FeS_2) wird mit 20 ccm „Königswasser" (1 Raumteil konz. Salpetersäure + 3 Raumteile konz.

Salzsäure) auf dem Wasserbade erwärmt. Man dampft zur Vertreibung der überschüssigen Säure zur Trockne, nimmt den Rückstand in ungefähr 50 ccm Wasser auf und filtriert. Auf dem Filter bleibt etwa im Mineral vorhandene Kieselsäure, im Filtrat befinden sich die entstandene Schwefelsäure und das Eisensalz; die Schwefelsäure wird durch Zusatz von Baryumchlorid, $BaCl_2$, nachgewiesen, welches einen weißen Niederschlag von Baryumsulfat gibt:

$$SO_4H_2 + BaCl_2 = SO_4Ba + 2\,HCl.$$

Die Wirkung des Königswassers beruht darauf, daß Chlorwasserstoff durch Salpetersäure oxydiert wird, und dadurch Chlor und Nitrosylchlorid, NOCl, entstehen, welche das Eisen vom Schwefel trennen:

$$3\,HCl + NO_3H = NOCl + 2\,Cl + 2\,H_2O$$
$$FeS_2 + NOCl + 2\,Cl = FeCl_3 + NO + 2\,S.$$

Der Schwefel wird zu Schwefelsäure oxydiert:

$$S + 2\,NO_3H = H_2SO_4 + 2\,NO.$$

Das Verfahren dieses Versuches bildet die Grundlage zur analytischen Bestimmung des Handelswertes von Pyrit. Zur Herstellung von Schwefelsäure im Großen würde es viel zu teuer sein. Hier arbeitet man in der Weise, daß der Pyrit zuerst abgeröstet wird, wobei Schwefeldioxyd entweicht, und Eisenoxyd, Fe_2O_3, zurückbleibt:

$$4\,FeS_2 + 11\,O_2 = 2\,Fe_2O_3 + 8\,SO_2.$$

Dann wird das Schwefeldioxyd entweder mit Stickoxyd als Sauerstoffüberträger oxydiert (Bleikammerverfahren), oder man oxydiert das Schwefeldioxyd nach dem Kontaktverfahren durch Überleiten über glühenden platinierten Asbest zusammen mit Luft.

Die sogen. konzentrierte Schwefelsäure des Handels enthält etwa 95,6 Prozent SO_4H_2. Der Rest ist Wasser, dessen Menge sich bei Luftzutritt vermehrt, da Feuchtigkeit energisch angezogen wird. Aus demselben Grunde finden starke Erhitzung und Herausspritzen der Säure statt, wenn man Wasser zu konz. Schwefelsäure gießt. Gibt man umgekehrt die Säure zum Wasser, so verteilt sich die Wärme gleichmäßig und gefahrlos.

Versuch 26. Einwirkung von Schwefel auf Natriumsulfit. 13 g Natriumsulfit werden in 25 ccm Wasser mit 1 g gepulvertem Stangenschwefel (nicht Schwefelblumen, da diese sich nicht gut netzen) etwa 5 Minuten lang gekocht. Man filtriere und erwärme einige ccm des Filtrates in einem Reagenzglase mit etwas konz. Salzsäure. Schwefelabscheidung. Man überzeuge sich, daß die gleiche Reaktion mit käuflichem Natriumthiosulfat, $Na_2S_2O_3 . 5H_2O$, eintritt.

Die Bildung von Natriumthiosulfat beruht darauf, daß sich ein Schwefelatom zwischen Schwefel und Natrium schiebt:

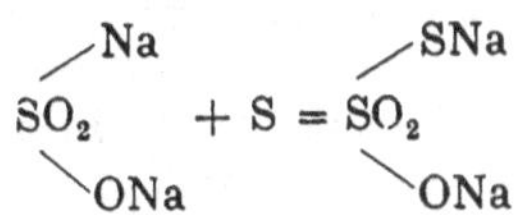

Natriumthiosulfat kristallisiert mit 5 Molekülen „Kristallwasser“, eine bei Salzen häufige Erscheinung. Bei Reaktionsgleichungen läßt man das Kristallwasser unberücksichtigt, da es sich an Umsetzungen im allgemeinen nicht beteiligt. (Eine Ausnahme bildet Natriumhydrosulfit, welches sich in kristallwasserhaltigem Zustand oxydiert, in wasserfreiem nicht.)

Durch Salzsäure wird aus Thiosulfat Thioschwefelsäure in Freiheit gesetzt, welche unbeständig ist und sich unter Abscheidung von Schwefel zersetzt:

$$S_2O_3Na_2 + 2\,HCl = S_2O_3H_2 + 2\,NaCl$$

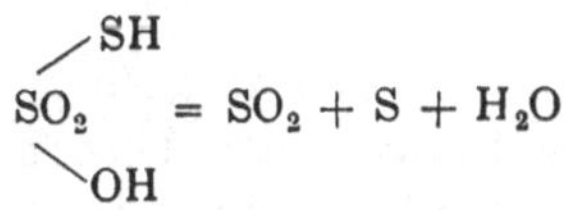

Obgleich also die Thioschwefelsäure der Formel nach das Analogon der Schwefelsäure ist, mangelt ihr doch deren Beständigkeit. Demnach wird das Molekül SO_4H_2 aus einem stabilen zu einem labilen, wenn man ein Sauerstoffatom durch Schwefel ersetzt. Das gleiche gilt von den Salzen der Thioschwefelsäure im Vergleich mit denen der Schwefelsäure.

Labile Moleküle sind vielfach besonders reaktionsfähig. Das zeigt sich bei folgender Versuchsreihe:

Versuch 27. Reaktionen des thioschwefelsauren Natriums.

a) Man füge tropfenweise Jod-Jod-Kalium zu einer Lösung von Natriumthiosulfat in Wasser. Die Farbe des Jodes verschwindet unter Bildung von Natriumtetrathionat, $Na_2S_4O_6$,

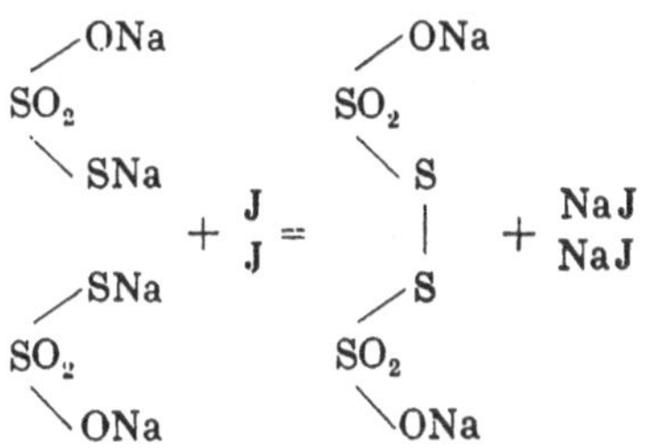

b) Zu einer Lösung von Natriumthiosulfat füge man tropfenweise Eisenchloridlösung. Die ersten Tropfen verursachen intensive Violettfärbung, die bei weiterem Zusatz des Eisenchlorids verschwindet.

Die Färbung beruht vielleicht auf der Bildung eines Eisensalzes der Thioschwefelsäure, die Entfärbung ist darauf zurückzuführen, daß das Chlor des Eisenchlorids gerade so wirkt wie Jod.

Man braucht Thiosulfat als „*Antichlor*“ nach dem Bleichen von Papier, um einen etwaigen Überschuß an Chlor, der das Papier beim Trocknen morsch machen würde, zu entfernen.

c) Zu einer Lösung von Natriumthiosulfat füge man eine solche von Silbernitrat. Es entsteht ein Niederschlag, der anfangs weiß ist und dann in rascher Folge gelb, braun und besonders beim Erwärmen schwarz wird, indem sich das zuerst ausgeschiedene Silberthiosulfat unter Bildung von Schwefelsilber und Schwefelsäure zersetzt.

$$Na_2S_2O_3 + 2AgNO_3 = Ag_2S_2O_3 + 2NaNO_3$$

$$SO_2\begin{matrix} \diagup OAg \\ \diagdown SAg \end{matrix} + H_2O = SO_2\begin{matrix} \diagup OH \\ \diagdown OH \end{matrix} + Ag_2S$$

Versuch 28. Man löse eine geringe Menge Silbernitrat in wenig Wasser und füge einen Überschuß von Kochsalzlösung hinzu, so daß alles Silber als Chlorsilber ausgefällt wird. Dann dekantiere man die überstehende Flüssigkeit und versetze den Niederschlag mit Thiosulfatlösung. Das Clorsilber löst sich auf.

Auch bei dieser Reaktion bildet sich Silberthiosulfat:

$$2AgCl + Na_2S_2O_3 = 2NaCl + Ag_2S_2O_3$$

Dasselbe zersetzt sich aber nicht, falls Thiosulfat im Überschuß zugegen ist, sondern geht unter Bildung eines „*komplexen Salzes*“ in Lösung:

$$Ag_2S_2O_3 + 2Na_2S_2O_3 = [Ag_2(S_2O_3)_3]Na_4.$$

Der Umstand, daß ein Zerfall des Silberthiosulfats (s. Versuch 27c) hier nicht eintritt, ist darauf zurückzuführen, daß sich Jonen $[Ag_2(S_2O_3)_3]''''$ bilden, deren Reaktionen von denen der ursprünglichen Jonen, $Ag^{\cdot}$ und S_2O_3'', verschieden sind. Man nennt derartige Jonen und die betreffenden Salze „komplexe“, weil mehrere Elementarjonen zu einem Komplex zusammengetreten sind, der ein neues Jon darstellt. Es wird durch Einfassung in eine eckige Klammer gekennzeichnet.

Die Löslichkeit des komplexen Silber-Natriumthiosulfates benutzt man: erstens zum *Extrahieren von Silber aus Erzen*, die zur

Bildung von Silberchlorid mit Chlornatrium geröstet und dann mit Thiosulfatlösung behandelt werden; zweitens zum Fixieren photographischer Bilder.

Silberchlorid, ebenso wie Silberbromid, ist lichtempfindlich und dient darum zum Überziehen photographischer Platten. Zum Entfernen derjenigen Chlorsilberteile, die bei der Aufnahme des Bildes nicht verändert wurden, benutzt man die Löslichkeit des Chlorsilbers mit Thiosulfat.

Versuch 29. Ein kleines Stück Natriumsulfid, $Na_2S \cdot 9H_2O$, wird mit verdünnter Salzsäure übergossen. Geruch nach Schwefelwasserstoff, H_2S, welches gasförmig entweicht (Vorsicht! Ist in größeren Mengen eingeatmet giftig):

$$Na_2S + 2\,HCl = H_2S + 2\,NaCl.$$

Das Gas rötet befeuchtetes blaues Lackmuspapier und schwärzt Papier, das mit Bleiacetat getränkt ist, durch Bildung von Schwefelblei, PbS:

$$Pb(CO_2CH_3)_2 + H_2S = PbS + 2\,CH_3CO_2H.$$

Schwefelwasserstoff ist eine Säure. Wichtige Salze sind ZnS (Zinkblende), PbS (Bleiglanz) und andere natürlich vorkommende „Sulfide".

Ein wichtiges Natriumsalz ist der Borax, $B_4O_7Na_2.10\,H_2O$:

Versuch 30. Man betupfe Lackmuspapier mit einer wäßrigen Lösung von Borax, $B_4O_7Na_2 . 10H_2O$. Es tritt Blaufärbung ein, die auf Abspaltung geringer Mengen von Natriumhydroxyd unter Einwirkung des Wassers beruht:

$$B_4O_7Na_2 + 2\,H_2O \rightleftarrows B_4O_7H_2 + 2\,NaOH.$$

Da beide Reaktionen gleichzeitig im Sinne der gegeneinander gerichteten Pfeile stattfinden, so ist der Zerfall des Borax kein vollkommener. Das Wasser äußert sich hier nicht nur als Lösungsmittel, sondern zugleich auch als Reagens. Man nennt das Hydrolyse. Sie tritt bei Salzen ein, die nicht aus zwei „starken" Komponenten aufgebaut sind, sondern ganz oder teilweise aus „schwachen". Die Komponenten sind Säuren und Basen. Ihre Stärke ist proportional dem Grade ihres elektrolytischen Zerfalles. Die Tetraborsäure, $B_4O_7H_2$, deren Neutralisation mit Natriumhydroxyd Borax gibt, ist schwach, d. h. sie sendet wenig Wasserstoffjonen in Lösung; umgekehrt hat das

Jon B_4O_7'' dieser Säure ein solches Bestreben, Wasserstoffjonen an sich zu reißen, daß sie dieselben dem Wasser entnimmt, obgleich in rund 10 Millionen Liter Wasser von 25° nur 18 g Wasser in die Jonen H' und OH' zerfallen sind. Obige Gleichung lautet also in Jonenform:

$$B_4O_7'' + 2\,Na^{\cdot} + 2\,H_2O \rightleftarrows B_4O_7H_2 + 2\,Na^{\cdot} + 2\,OH'.$$

Dadurch, daß die entsprechende Menge von Hydroxyljonen aus dem Wasser frei wird, die im Zustande der Dissoziation neben den Natriumjonen bestehen bleiben, wird das Lackmuspapier gebläut.

Tetraborsäure ist nicht beständig, sondern zerfällt mit Wasser unter Bildung von Borsäure, $B(OH)_3$:

$$B_4O_7H_2 + 5\,H_2O = 4\,B(OH)_3$$

Borax gewinnt man durch Kochen von Borokalzit (Nevada, Kleinasien) und Boronatrokalzit (Kalifornien, Chile) mit Sodalösung. Man braucht Borax als Kosmetikum und als Waschmittel, wobei er infolge seiner schwach alkalischen Reaktion reinigt, ohne zu ätzen. Borax dient ferner als Zusatz zur Reisstärke beim Plätten der Wäsche; die verkleisterte Stärke wird dadurch erheblich steifer und glänzender. Schmelzender Borax löst Metalloxyde und bildet mit ihnen Glasflüsse und wird darum zur Erzeugung von Glasuren benutzt.

Versuch 31. Einige Kryställchen essigsaures Natrium (Natriumacetat), $CH_3.CO_2Na.H_2O$ werden mit etwa 1 ccm Alkohol, $CH_3.CH_2.OH$, und 1 ccm konz. Schwefelsäure schwach erwärmt. Die Essigsäure wird durch den obstartigen Geruch des Essigsäureäthyl-esters, $CH_3.CO_2.C_2H_5$, kenntlich.

Hierbei finden folgende Reaktionen statt:

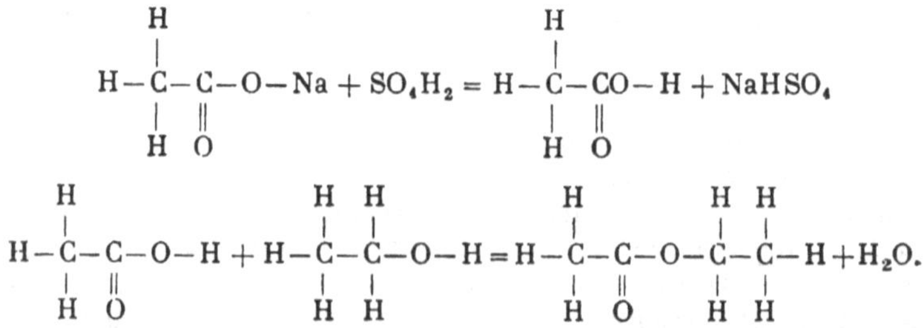

Oder in kürzerer Schreibweise:

$$CH_3.CO_2Na + SO_4H_2 = CH_3.CO_2H + NaHSO_4$$
$$CH_3.CO_2H + C_2H_5.OH = CH_3.CO_2.C_2H_5 + H_2O.$$

Kohlenstoff ist vierwertig, und die Kohlenstoffatome haben die Neigung, sich aneinander zu binden, wie das in den Formeln der Essigsäure und des Alkohols zum Ausdruck kommt. In der Essigsäure ist nur das in der „Carboxylgruppe", COOH, enthaltene Wasserstoffatom sauer (vgl. Versuch 13). Es ist durch Metalle und durch die im Alkohol enthaltene „Aethylgruppe", C_2H_5, ersetzbar. Letztere Reaktion tritt unter dem wasserentziehenden Einfluß der Schwefelsäure ein. Wenn das saure Wasserstoffatom einer Säure durch eine Aethylgruppe ersetzt wird, so entsteht ein sogenannter Ester. Es gibt deren eine große Anzahl, und sie bedingen den Wohlgeruch der Weine und der Früchte.

Versuch 32. Eine wäßrige Lösung von Ammoniak, NH_3, wird erhitzt. Es entweicht das stechend riechende Ammoniakgas, welches feuchtes Lackmuspapier blau färbt.

Beim Destillieren von Steinkohle in Gaswerken und Kokereien entweicht der in der Kohle enthaltene Stickstoff in Form von Ammoniak. Dieses ist die eine Quelle der Ammoniakgewinnung. Die andere ist die durch Synthese aus Stickstoff und Wasserstoff durch Überleiten über eine Kontaktmasse (z. B. Eisenoxyd) bei etwa 500° und 200 Atm. Druck (Haber-Bosch). Je nach Druck und Temperatur stellt sich ein Gleichgewicht

$$N_2 + 3H_2 \rightleftarrows 2NH_3$$

ein, bei dem in der Zeiteinheit gleich viel Ammoniakmoleküle gebildet und wieder zersetzt werden. Unter den genannten Bedingungen von Druck und Temperatur wird das technisch erreichbare Optimum von 8,4 Vol-% Ammoniak erhalten.

In Wasser löst sich Ammoniak unter Bildung von Ammoniumhydroxyd; beim Erwärmen wird die Reaktion rückläufig:

$$NH_3 + H_2O \rightleftarrows NH_4.OH.$$

Beides zeigt sich bei Versuch 32, und zwar wird die Wiedervereinigung der durch Erhitzen getrennten Komponenten auf dem Lackmuspapier bemerkbar. Das Ammoniumjon $(NH_4)^{\cdot}$ spielt die Rolle eines Metalljons. Das damit verbundene Hydroxyljon wirkt alkalisch, obzwar weniger stark als bei Natronlauge, da der Grad der elektrolytischen Dissoziation beim Ammoniumhydroxyd gering ist.

Wasserfreies Ammoniak wird in Stahlflaschen zu einer Flüssigkeit komprimiert und dient, ebenso wie verflüssigtes Schwefeldioxyd, zur Erzeugung von Kälte: durch maschinelle Druckverminderung verwandeln sich die Flüssigkeiten in Gase und verbrauchen dabei Wärme.

Versuch 33. Analytischer Nachweis von Ammoniumsalzen. a) Ammoniumsulfat wird mit Natronlauge erwärmt. Es entweicht Ammoniakgas:

$$NH_4Cl + NaOH = NH_4.OH + NaCl$$
$$NH_4OH = NH_3 + H_2O$$

Das Ammoniak ist kenntlich: am Geruch (Vorsicht!); an der Blaufärbung von angefeuchtetem Lackmuspapier; dadurch, daß sich ein weißer Nebel feinster Kristalle von Ammoniumchlorid (Salmiak, NH_4Cl) bildet, wenn man einen Glasstab mit konz. Salzsäure befeuchtet und über das Reagensrohr hält, in welchem Ammoniak entwickelt wird:

$$NH_3 + HCl = NH_4Cl$$

b) Nachweis kleiner Ammoniakmengen mit „Neßlerschem Reagens“ [1]): 10 g Quecksilberjodid, HgJ_2, werden in einem Mörser mit 50 ccm Wasser und 5 g Jodkalium verrieben, wobei die Salze unter Bildung von komplexem Quecksilberkaliumjodid in Lösung gehen:

$$HgJ_2 + 2JK = [HgJ_4]K_2.$$

Die Lösung wird zusammen mit einer kalten Lösung von 20 g Natriumhydroxyd in 50 ccm Wasser in eine Flasche gespült, in der man etwaige ungelöste Substanz absitzen läßt. Dieses „Neßlersche Reagens“ wird zweckmäßig im Dunkeln aufbewahrt.

Die Reaktion des alkalischen Quecksilberkaliumjodids mit Ammoniak und Ammoniumverbindungen ist so empfindlich, daß sich noch 0,05 mg Ammoniak in 1 Liter Wasser nachweisen lassen:

Man versetze etwa $^1/_2$ Liter Wasser mit einem Tropfen Ammoniaklösung und füge Neßlers Reagens hinzu. Brauner Niederschlag von Oxyquecksilber-ammonium-jodid:

$$2[HgJ_4]K_2 + NH_4.OH = [OHg_2NH_2]J + 3HJ + 4JK$$

Der auftretende Jodwasserstoff würde die Reaktion stören. Das ist der Grund, weshalb Neßlers Reagens alkalisch ist; die Säure wird dadurch schon im Entstehen neutralisiert.

Neßlers Reagens ist wichtig zur Untersuchung von Wasser. Erhält man die Ammoniakreaktion, so deutet das auf faulende organische Substanz, und das Wasser eignet sich nicht zum Trinken.

---

[1]) Im Laboratorium vorrätig zu halten.

Versuch 34. Darstellung von Ammoniumsulfat. Man gieße 10 ccm konz. Schwefelsäure langsam in 10 ccm Wasser (nicht umgekehrt), kühle die Mischung in fließendem Wasser und füge sie langsam zu 20 ccm einer konz. Lösung von Ammoniumhydroxyd. Fügt man jetzt 50—75 ccm Alkohol hinzu, so scheidet sich das Ammoniumsulfat, $(NH_4)_2SO_4$, aus, das nach der Gleichung

$$2\,NH_4.OH + H_2SO_4 = SO_4(NH_4)_2 + 2\,H_2O$$

entstanden ist.

Ammoniumsulfat enthält etwa 20,6 % Stickstoff und ist darum ein wichtiges Düngemittel. Bei der fabrikmäßigen Darstellung wird Ammoniakgas in Schwefelsäure eingeleitet. Ein Alkoholzusatz findet dabei selbstverständlich nicht statt und hat bei Versuch 34 nur den Zweck, ein sofortiges Ausfällen des Salzes zu veranlassen. Nach dem neueren Verfahren wird Gips (Calciumsulfat, $CaSO_4 . 2H_2O$) fein gemahlen und in Wasser aufgeschlämmt. Hierein leitet man Ammoniak und Kohlensäure, welche sich zu Ammoniumcarbonat $CO_3(NH_4)_2$ vereinigen und dann mit dem Gips Ammoniumsulfat und Calciumcarbonat geben:

$$CO_3(NH_4)_2 + CaSO_4 = SO_4(NH_4)_2 + CaCO_3$$

Das in Wasser unlösliche Calciumcarbonat wird durch Filtration entfernt.

Dieses Verfahren der deutschen Stickstoffindustrie gestattet die Ausnutzung unserer einheimischen Gipslager und die entsprechende Mindereinfuhr spanischen Pyrites (s. o. bei Schwefelsäure).

Ammoniumsulfat gibt im Boden unter der Einwirkung von Luft und Mikroorganismen (bacillus nitrificans) Schwefelsäure und Salpetersäure:

$$SO_4(NH_4)_2 + 4\,O_2 = SO_4H_2 + 2\,NO_3H + 2\,H_2O.$$

Der Boden wird dadurch sauer, bis die Säuren entweder durch den natürlichen Kalkstein des Bodens oder zugeführten Kalk neutralisiert sind.

In zweifacher Weise dient Ammoniak zur Herstellung anderer wichtiger Stickstoffdünger: durch Oxydation mit Sauerstoff an einer glühenden Kontaktmasse entsteht Salpetersäureanhydrid, daraus mit Wasser Salpetersäure und schließlich durch Neutralisation mit Soda (Natriumcarbonat, Na_2CO_3) Natriumnitrat (Natronsalpeter mit 16 % Stickstoff):

$$2\,NH_3 + 4\,O_2 = N_2O_5 + 3\,H_2O$$
$$N_2O_5 + H_2O = 2\,NO_3H$$
$$2\,NO_3H + Na_2CO_3 = 2\,NaNO_3 + CO_2 + H_2O$$

Zweitens wird Ammoniak an Kohlensäure zu kohlensaurem Ammonium gebunden, und dieses führt man durch Erhitzen unter Druck in künstlichen Harnstoff, $CO(NH_2)$, über (Stickstoffgehalt 46%).

Versuch 35. a) Etwa 0,5 g Harnstoff, $CO(NH_2)_2$ wird in wenig Wasser gelöst und mit verd. Natronlauge gekocht. Es entwickelt sich Ammoniak, das am Geruch und an der Blaufärbung von rotem Lackmuspapier an der Mündung des Reagensrohres kenntlich ist:

$$C{=}O\begin{matrix}\diagup NH_2\\ \diagdown NH_2\end{matrix} + \begin{matrix}HONa\\ HONa\end{matrix} = C{=}O\begin{matrix}\diagup ONa\\ \diagdown ONa\end{matrix} + \begin{matrix}NH_3\\ NH_3\end{matrix}$$

Dieser Versuch erläutert die chemische Beziehung zwischen Harnstoff und Ammoniak. Natürlicher Harnstoff (Carbamid) wird als Oxydationsprodukt des Eiweiß im Harn (neben vielen anderen Stoffwechselprodukten) ausgeschieden und verleiht dem Stallmist einen Teil seiner Düngekraft, weil Harnstoff ebenso wie Salpeter und Ammoniumsulfat den Stickstoff in einer für die Pflanzen aufnehmbaren Form enthält. Harnstoff wird technisch dargestellt durch Erhitzen von Ammoniumkarbonat, wobei sich Wasser abspaltet:

$$C{=}O\begin{matrix}\diagup ONH_4\\ \diagdown ONH_4\end{matrix} = C{=}O\begin{matrix}\diagup NH_2\\ \diagdown NH_2\end{matrix} + 2\,H_2O.$$

b) Nachweis des Stickstoffs im Harnstoff: Eine kleine Menge Harnstoff wird mit Natriumnitrit und Salzsäure versetzt. Der Stickstoff sowohl des Harnstoffs als auch der salpetrigen Säure macht sich durch Gasentwicklung bemerkbar:

$$CO\begin{matrix}\diagup NH_2\\ \diagdown NH_2\end{matrix} + \begin{matrix}NOOH\\ NOOH\end{matrix} = CO\begin{matrix}\diagup OH\\ \diagdown OH\end{matrix} + \begin{matrix}N_2\\ N_2\end{matrix} + \begin{matrix}H_2O\\ H_2O\end{matrix}$$

Ein Teil des Gases besteht aus Kohlendioxyd, herrührend vom Zerfall der Kohlensäure:

$$CO_3H_2 = CO_2 + H_2O.$$

Versuch 36. Darstellung von Soda nach Solvay mit Hilfe von Ammoniak (Ammoniaksoda). 23 g käufliches Ammoniumkarbonat (Kohlensaures Ammonium) werden gepülvert und bis zur möglichst weit gehenden Lösung mit 75 ccm Wasser geschüttelt oder verrührt. Man filtriert vom Ungelösten ab und erhält so eine „kalt gesättigte" Lösung vom spez. Gewicht 1,06. In gleicher Weise schüttelt man 30 g Kochsalz mit 75 ccm Wasser. Spez. Gew. des Filtrates 1,20[1]).

Man mische je 50 ccm der Lösungen und leite aus einem „Kippschen Apparat" einen raschen Strom von Kohlendioxyd ein. Nach etwa 5 Minuten bilden sich Kristalle von Natriumbikarbonat, $NaHCO_3$, deren Ausscheidung nach weiteren 5 Minuten beendet ist. Man filtriere und trockne die Kristalle auf Fließpapier.

In der Praxis sättigt man eine ammoniakalische Chlornatriumlösung mit Kohlendioxyd. Zunächst entsteht Ammoniumkarbonat, $(CO_3NH_4)_2$, von dem bei Versuch 36 ausgegangen wurde, dann Ammoniumbikarbonat (saures kohlensaures Ammonium); $CO_3H.NH_4$

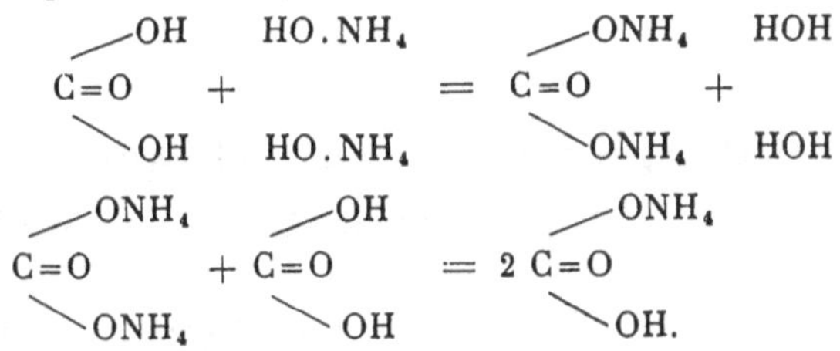

Von den jetzt in Lösung befindlichen $Na^{\cdot}$-, $NH_4^{\cdot}$-, Cl'- und CO_3H'-Jonen scheiden sich das erste und letzte als Natriumbikarbonat, CO_3HNa, aus, weil von den Salzen, die ausfallen könnten, dieses am schwersten löslich ist:

$$NaCl + CO_3H(NH_4) \rightleftarrows CO_3HNa + NH_4Cl.$$

Natriumbicarbonat wird in der Technik durch Erwärmen in „kalzinierte Soda", CO_3Na_2, übergeführt:

$$2CO_3HNa = CO_3Na_2 + CO_3H_2$$

---

[1]) Beide Lösungen sind vorrätig zu halten und nicht vom Praktikanten herzustellen.

oder:

$$\begin{array}{r|l} CO_3H & Na \\ H & NaCO_3. \end{array}$$

Die Kohlensäure zerfällt in Kohlendioxyd und Wasser:

$$CO_3H_2 = CO_2 + H_2O.$$

Versuch 37. 25 g kalzinierte Soda des Handels werden mit 60 ccm Wasser bis zur Lösung erhitzt. Sollte die Lösung nicht vollkommen klar sein, so wird sie filtriert. Bei ruhigem Stehen der Lösung in einer Schale oder einem Becherglas scheiden sich Kristalle der Zusammensetzung $CO_3Na_2 . 10H_2O$ aus. Die Kristallisation erfolgt manchmal sofort, manchmal erst nach mehreren Stunden. Man trenne die Kristalle durch Filtration von der Mutterlauge und trockne sie auf Fließpapier.

Kolben oder Flaschen eignen sich zur Kristallisation weniger gut als Gefäße, aus denen das Lösungsmittel rasch verdunsten kann.

Die nach diesem Versuch erhaltene „Kristallsoda" enthält 63 % Kristallwasser. Sie löst sich leichter als kalzinierte Soda und wird darum im Hausgebrauch bevorzugt. Kalzinierte Soda dient hauptsächlich zur Fabrikation von Seife und Glas.

Versuch 38. Man prüfe die Reaktion von Sodalösung mit rotem Lackmuspapier. Dasselbe färbt sich blau.

Soda reagiert aus demselben Grunde alkalisch wie Borax (s. Versuch 30): Durch Hydrolyse wird Natriumhydroxyd abgespalten:

$$CO_3Na_2 + H_2O \rightleftarrows NaOH + CO_3NaH.$$

Versuch 39. 50 g Staßfurter Carnallit werden gepulvert und in 50 ccm Wasser eingetragen. Man erhitze unter Umrühren bis zum Sieden und filtriere. Aus der filtrierten Lösung scheiden sich beim Erkalten Kristalle aus, die der Hauptsache nach aus Kaliumchlorid bestehen, während Magnesiumchlorid, $MgCl_2$, in der Mutterlauge bleibt. Man entferne letztere durch Filtration und trockne die Kristalle auf Fließpapier.

Carnallit, $KCl . MgCl_2 . 6H_2O$, ist ein „Doppelsalz", d. h. in ungelöstem Zustande ist es eine kristallinisch einheitliche Verbindung aus zwei Salzen, in wässriger Lösung aber zerfällt es in seine Komponenten: $KMgCl_3 = KCl + MgCl_2$.

Durch diesen Zerfall unterscheiden sich die Doppelsalze von den komplexen Salzen (s. Versuch 28). In entsprechender Weise zerfällt ein anderes Staßfurter Doppelsalz, der *Kainit*, $KCl \cdot MgSO_4 \cdot 3H_2O$. Die Staßfurter Herstellung reiner Kaliumsalze beruht auf der Zerlegung der Rohsalze durch Wasser, wobei die Verbindungen des Kaliums auskristallisieren. Inwieweit der Zerfall ein vollkommener ist, richtet sich nach der Menge des Wassers und nach der Zusammensetzung der Salze, die im allgemeinen nicht den idealen Formeln entsprechen, sondern mit Natriumchlorid, Calciumsulfat usw. vermengt vorkommen („*Kalirohsalze*").

Versuch 40. Ein Teil der bei Versuch 39 erhaltenen Kristalle von Kaliumchlorid wird in Wasser gelöst und tropfenweise mit einer wäßrigen Lösung von *Überchlorsäure*, ClO_4H versetzt. Es fällt kristallinisches *Kaliumperchlorat* aus:

$$KCl + ClO_4H = ClO_4K + HCl.$$

Das Verfahren dient bei der Handelsanalyse zur quantitativen Bestimmung des Kaliums in den Staßfurter Salzen an Stelle der früher gebrauchten, heute zu kostspieligen Platinchlorwasserstoffsäure $[PtCl_6]H_2$, welche einen Niederschlag von *platinchlorwasserstoffsaurem Kalium*, $[PtCl_6]K_2$, gibt. Man pflegt die Resultate der Analysen auf den hypothetischen Gehalt an „Kali", K_2O, zu berechnen.

Versuch 41. Man löse eine Messerspitze gepulverter Weinsäure in wenig Wasser und füge dazu wenige Tropfen einer konzentrierten Lösung von Kaliumkarbonat. Es entsteht entweder sofort oder beim Reiben der inneren Gefäßwandung mit einem Glasstab ein kristallinischer Niederschlag von *saurem weinsaurem Kalium*:

$$2\;\begin{array}{c} COOH \\ | \\ HCOH \\ | \\ HOCH \\ | \\ COOH \end{array} + K_2CO_3 = 2\;\begin{array}{c} COOH \\ | \\ HCOH \\ | \\ HOCH \\ | \\ COOK \end{array} + CO_2 + H_2O.$$

Die Weinsäure hat zwei Carboxylgruppen. Wird der Wasserstoff der einen durch Kalium ersetzt, so entsteht jener schwer lösliche Niederschlag. Derselbe Niederschlag setzt sich in den Weinfässern als *Weinstein* ab und wird auf Weinsäure und Brechweinstein verarbeitet, die man hauptsächlich als Hilfsmaterialien beim *Bedrucken und Färben von Baumwolle* braucht.

Das Vorkommen von saurem weinsaurem Kalium im Traubensaft zeigt, daß Kalisalze zum Leben gewisser Pflanzen notwendig sind. Daher die große Bedeutung der Staßfurter Salze als Düngemittel. Die Abtrennung der Magnesiumsalze erfolgt zur Düngung derjenigen Pflanzen, welche reiner Kaliumsalze bedürfen, und ferner zur Verarbeitung auf Kaliumhydroxyd, Kaliumkarbonat und andere Kaliumsalze.

Versuch 42. Darstellung von Kaliumnitrat (Kalisalpeter). Man löse 18 g Chilesalpeter (Natriumnitrat) in 20 ccm siedendem Wasser und füge dazu unter stetem Kochen und Umrühren 15 g gepulvertes Kaliumchlorid. Das Ganze wird etwa eine Minute lang gekocht, wobei man das verdampfende Wasser ersetzt, und darauf durch einen Trichter filtriert, dessen Rohr man nach Anritzen mit einer Feile abgebrochen hat. Im Rückstand bleibt Chlornatrium, im Filtrat bilden sich Kristalle von Kaliumnitrat, die man abfiltriert und auf Fließpapier trocknet. Sprengt man das Trichterrohr nicht ab, so tritt Verstopfung durch Kristalle ein.

Die Reaktion beruht ähnlich wie die der Bildung von Natriumbikarbonat nach Solvay auf der verschiedenen Löslichkeit der Salze, die sich durch Zusammentritt der vorhandenen $Na^{\cdot}$-, $K^{\cdot}$-, NO'_3- und Cl'-Jonen ausscheiden können. Da von den möglichen Kombinationen die Vereinigung der $K^{\cdot}$- und NO'_3-Jonen zu dem in der Kälte schwerst löslichen Salz, dem Kaliumnitrat, führt, so kristallisiert dieses aus, was man durch das Schema

$$NO_3Na + KCl \rightleftarrows KNO_3 + NaCl$$

ausdrücken kann.

Der Kalisalpeter (Konversionssalpeter) ist zum Unterschied vom Natronsalpeter nicht „hygroskopisch“, d. h. er nimmt keine Luftfeuchtigkeit an, eignet sich darum zur Pulverbereitung.

Ebenso wie Kaliumnitrat kristallisieren auch andere Kaliumsalze besser als die entsprechenden Natriumsalze. Gut kristallisierende Verbindungen lassen sich leicht aus den Reaktionsmischungen abscheiden. Das ist der Grund, weshalb man eine Reihe von Salzen, bei denen die Natur des Leichtmetalles an und für sich nicht wesentlich wäre, gerade in Form der Kaliumverbindung darstellt: Kaliumnitrat, -chlorat, -bichromat, -permanganat, -ferrocyanat, -jodid, -bromid. Nur das fettsaure Kalium (Schmierseife) unterscheidet sich dadurch von dem ihm entsprechenden Natriumsalz (Kernseife), daß es sich nicht in kompakter Form isolieren läßt.

2. Calcium, Strontium, Barium.

Versuch 43. Darstellung von Leblancsoda mit Hilfe von Calciumkarbonat (kohlensaures Calcium, Kalkstein, Kreide). 5 g wasserfreies Natriumsulfat, 4 g Holzkohle und 5 g Calciumcarbonat in Form von Kreide werden fein gepulvert und gründlich miteinander gemischt. Man fülle einen kleinen Porzellantiegel mit der Mischung und glühe etwa 3 Minuten lang mit aufgelegtem Deckel auf einem Tondreieck in der Gebläseflamme. Nach dem Abkühlen wird die Masse in wenig Wasser geworfen und filtriert. Das Filtrat enthält Natriumkarbonat, das an seiner alkalischen Reaktion kenntlich ist.

Die erste Reaktion der Sodadarstellung nach Leblanc:

$$2\,NaCl + SO_4H_2 = SO_4Na_2 + 2\,HCl$$

bildete Gegenstand von Versuch 1. Bei Versuch 43 finden die weiteren Reaktionen statt. Es entstehen Natriumsulfid und Kohlenoxyd, dann Calciumsulfid und Soda:

$$Na_2SO_4 + 4C = Na_2S + 4CO$$
$$Na_2S + CO_3Ca = CaS + Na_2CO_3.$$

Beim Filtrieren der gelösten Schmelze bleibt das Calciumsulfid größtenteils im Rückstand.

Versuch 44. Einige erbsengroße Stücke Calciumcarbonat, $CaCO_3$, in Form des gewöhnlichen Kalksteins oder von Marmor (letzterer ist wegen der größeren Reinheit vorzuziehen), werden auf der „Magnesiarinne“ oder in einem kleinen Porzellantiegel 5—10 Minuten im oberen, heißesten Teile der Gebläseflamme geglüht, wobei Dissoziation in gebrannten Kalk (Calciumoxyd), CaO, und Kohlendioxyd stattfindet:

$$CaCO_3 = CaO + CO_2.$$

Nach dem Erkalten wird der gebrannte Kalk durch Auftropfen von wenig Wasser gelöscht, d. h. in Calciumhydroxyd übergeführt:

$$CaO + H_2O = Ca(OH)_2.$$

Die Reaktion findet unter starker Wärmeentwicklung statt.

Sofortiger Zusatz von viel Wasser verhindert das Auftreten der Reaktionswärme und damit die Reaktion selber. Durch Übergießen des gelöschten Kalkes mit etwa 100 ccm Wasser entsteht Kalkmilch, welche rotes Lackmuspapier blau färbt. Das Calciumhydroxyd ist teils gelöst, teils in Suspension vorhanden.

Durch Verrühren von Kalkmilch und Sand stellt der Maurer seinen Mörtel her. Die Bindung der Ziegel erfolgt unter dem Einfluß der Luft-Kohlensäure durch Übergang des Calciumhydroxydes in erhärtendes Carbonat. Das dabei austretende Wasser macht neue Bauten feucht.

Durch Filtrieren der Kalkmilch erhält man Kalkwasser, welches zu dem folgenden Versuch benutzt wird.

Versuch 45. In etwa 10 ccm Kalkwasser wird aus dem „Kippschen Apparat“ Kohlendioxyd, CO_2, eingeleitet.

Im Kippschen Apparat entsteht Kohlendioxyd aus Marmor und Salzsäure:

$$CaCO_3 + 2\,HCl = CO_2 + H_2O + CaCl_2.$$

Kohlendioxyd ist ein Säureanhydrid und gibt mit Wasser die besonders in der Wärme leicht zerfallende Kohlensäure, CO_3H_2

$$CO_2 + H_2 \rightleftarrows CO_3H_2.$$

Die Kohlensäure fällt aus dem Kalkwasser Calciumcarbonat aus:

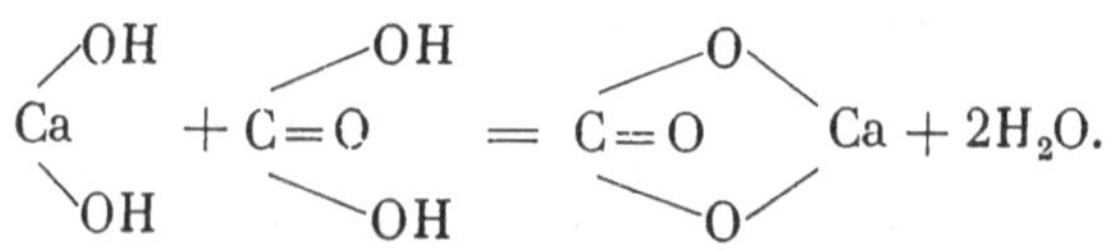

Bei weiterem Einleiten von Kohlendioxyd zu dem ausgefällten Calciumcarbonat löst sich der Niederschlag im Sinne des nach rechts gerichteten Pfeiles unter Bildung von saurem Calciumcarbonat (Calcium-bi-carbonat) wieder auf:

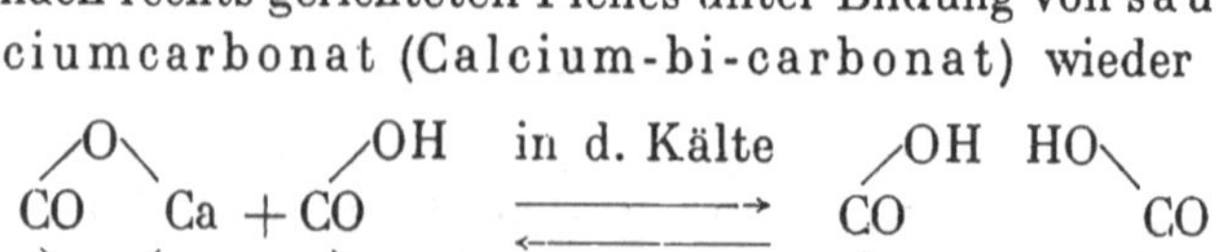

Beim Kochen der Lösung fällt im Sinne des nach links gerichteten Pfeiles wieder neutrales Calciumcarbonat aus.

Versuch 46. Einige Stücke Calciumchlorid, $CaCl_2$, werden in einem Reagensglas mit Wasser geschüttelt, wobei die Hauptmenge in Lösung geht. Ein Rest bleibt ungelöst, da käufliches Calciumchlorid meistens etwas basisches Salz Ca(OH)Cl enthält. Man dekantiere von dem Ungelösten oder filtriere und führe mit der so erhaltenen Lösung folgende Reaktionen aus:

a) Zusatz von Sodalösung. Es entsteht ein Niederschlag von Calciumkarbonat:

$$CaCl_2 + CO_3Na_2 = 2\,NaCl + CO_3Ca$$

Das natürlich vorkommende Calciumkarbonat wird außer zum „Kalkbrennen" (Versuch 44) auch in Form von geschlämmter Kreide als billigste weiße Anstrichfarbe benutzt.

b) Zusatz von verdünnter Schwefelsäure. Es fällt Calciumsulfat, SO_4Ca, aus, falls die Lösung nicht zu verdünnt war; in dem Fall kommt der Niederschlag erst nach einiger Zeit:

$$CaCl_2 + SO_4H_2 = 2\,HCl + SO_4Ca$$

Calciumsulfat ist im gebrannten Gips enthalten; letzterer wird durch Glühen des natürlichen Gipses, $CaSO_4 . 2\,H_2O$, dargestellt, wobei drei Viertel des Kristallwassers entweichen.

Calciumsulfat und Calciumcarbonat sind die Hauptbestandteile des Kesselsteins. 1 Liter Wasser löst bei 18° 2,6 g Calciumsulfat auf. Von Calciumcarbonat werden zwar durch reines Wasser nur 0.013 g pro Liter gelöst, indessen kann das kohlensäurehaltige Wasser der Erde bis zu 0,4 g aufnehmen. Infolgedessen ist gewöhnliches Kesselspeisewasser stets mehr oder weniger „hart", d. h. es enthält die genannten Salze (dazu mitunter Magnesiumsalze), die sich beim Verdampfen des Wassers ausscheiden. Den Chemismus der Lösung und Wiederausscheidung von Calciumcarbonat veranschaulichte Versuch 45.

c) Zusatz von Clarkscher Seifenlösung (alkoholische Lösung von Kaliseife). Es fällt fettsaures Calcium aus.

Seifen sind Gemische der Kalium- oder Natriumsalze verschiedener Fettsäuren. Nehmen wir der Einfachheit halber an, die Seife bestehe aus reinem stearinsaurem Kalium, so würde die Reaktionsgleichung lauten:

$$2\,C_{17}H_{35}.CO_2K + CaCl_2 = (C_{17}H_{31}.CO_2)_2Ca + 2\,KCl.$$

Man wiederhole den Versuch durch Zutropfen von wenig

Seifenlösung zu gewöhnlichem Leitungswasser. Im allgemeinen, d. h. falls nicht ein außergewöhnlich „weiches" Wasser vorliegt, wird eine Trübung entstehen. Wenn man jetzt das Reagensglas mit dem Handballen schließt und umschüttelt, bleibt das charakteristische Schäumen des Seifenwassers aus. Erst wenn durch weiteren Zusatz von Clarkscher Lösung die Gesamtmenge der Calcium- und Magnesiumsalze umgesetzt ist, wird das Schäumen der Seife wieder bemerkbar.

Niederschlag und Trübung rühren daher, daß die Calciumsalze der Fettsäuren („Kalkseife") ebenso wie ihre Magnesiumsalze in Wasser unlöslich sind. Sie verhindern das Schäumen und damit die reinigende Wirkung der Seife solange, bis sie vollkommen ausgefällt sind. Die Härte des Wassers verteuert darum das Waschen.

d) Man versetze die Lösung des Calciumchlorids mit einer Lösung von Ammoniumoxalat. Weißer Niederschlag von Calciumoxalat:

$$CaCl_2 + C_2O_4(NH_4)_2 = 2\,NH_4Cl + C_2O_4Ca$$

Da das Kohlenstoffatom vier Valenzen hat, so entsprechen dem Ammoniumoxalat und dem Calciumoxalat folgende Konstitutionsformeln:

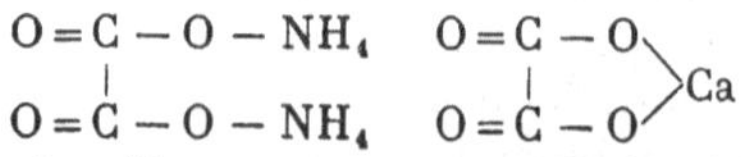

Calciumoxalat dient wegen seiner Unlöslichkeit zur quantitativen Abscheidung des Calciums bei der Analyse.

Versuch 47. Man versetze Kalkwasser mit einer Lösung von Natriumphosphat, $PO_4Na_2H \cdot 12H_2O$. (An Stelle von Kalkwasser kann man auch eine Mischung einer wäßrigen Lösung von Calciumchlorid und Ammoniak verwenden.) Es entsteht ein Niederschlag von Tricalciumphosphat (tertiärem Calciumphosphat), $(PO_4)_2Ca_3$:

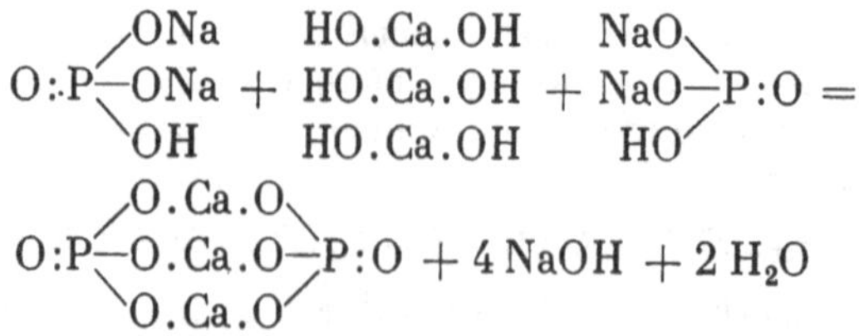

Phosphorsäure, PO_4H_3, hat drei Wasserstoffatome, die zur Salzbildung befähigt sind, so daß man primäre, sekundäre und tertiäre Phosphate unterscheidet. je nachdem ob ein, zwei oder drei Wasserstoffatome durch Metall ersetzt sind. Das tertiäre Natriumphosphat, PO_4Na_3, läßt sich aus wäßriger Lösung nicht abscheiden, da es hydrolytisch zerfällt:

$$PO_4Na_3 + H_2O \rightleftarrows PO_4Na_2H + NaOH$$

Infolgedessen ist das sekundäre Salz (PO_4Na_2H, mit Kristallwasser) das Natriumphosphat des Handels.

Entleimte und entfettete Knochen enthalten etwa 85 Proz. Tricalciumphosphat neben 12 Proz. Calciumcarbonat. Tricalciumphosphat kommt ferner in großen Mengen als Mineralphosphat (Phosphorit) vor.

Versuch 48. 15 g gepulverter Phosphorit werden mit 6 ccm Wasser und 6 ccm konz. Schwefelsäure etwa 10 Minuten lang erwärmt. Hierbei entsteht ein Gemisch von Monocalciumphosphat (primärem Calciumphosphat) und Calciumsulfat:

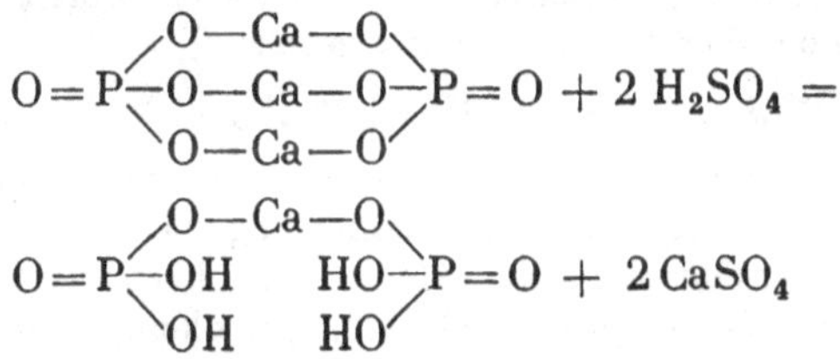

Das so entstandene Gemisch wird Superphosphat genannt.

In je 1 Liter Wasser lösen sich 0,009 g $(OPO_3)_2Ca_3$ (tertiäres Phosphat), 0,041 g $OPO_3 . HCa$ (sekundäres Phosphat) und rund 10 g $(OPO_3)_2CaH_4$ (primäres Phosphat). Nur das primäre Salz verteilt sich wegen seiner Leichtlöslichkeit sofort im Ackerboden und wird darum leicht von den Pflanzen aufgenommen. Daher die Bedeutung des Superphosphats als Kunstdünger. Das natürliche im Boden enthaltene tertiäre Phosphat wird erst langsam unter dem Einfluß der Luftkohlensäure und der Pflanzensäure löslich. Die Wirkung der Kohlensäure ist daraus ersichtlich, daß 1 Liter mit Kohlensäure gesättigtes Wasser 0,15 g tertiäres Calciumphosphat löst.

Versuch 49. Daß bei dem vorigen Versuch ein lösliches Salz der Phosphorsäure entstanden ist, weise man nach, indem man die aus Phosphorit und Schwefelsäure erhaltene

Mischung mit 40 ccm Wasser versetzt, filtriert und dann aus diesem Filtrat die Phosphorsäure in Form des charakteristischen Niederschlages von phosphor-molybdänsaurem Ammonium ausfällt. Das hierzu nötige Reagens bereite man [1]) folgendermaßen:

10 g Ammoniummolybdat werden in 20 ccm konz. wäßrigem Ammoniak und 80 ccm Wasser gelöst und langsam unter Umrühren eingegossen in eine Mischung von 120 ccm konz. Salpetersäure (1,18 spez. Gew.) und 30 cm Wasser, wobei sich der anfänglich entstehende Niederschlag von Molybdänsäureanhydrid auflöst. Zu mehreren ccm dieser Lösung füge man einige Tropfen der zu untersuchenden Phosphorsäurelösung. Bei gelindem Erwärmen entsteht alsbald oder manchmal auch erst nach einiger Zeit der gelbe Niederschlag. Ein Überschuß von Phosphorsäure ist seinem Entstehen hinderlich.

Die Theorie dieser Reaktion ist verwickelt. Durch die Salpetersäure wird Phosphorsäure in Freiheit gesetzt:

$$(PO_4H_2)_2Ca + 2\,NO_3H = 2\,PO_4H_3 + Ca(NO_3)_2.$$

Desgleichen macht die Salpetersäure aus dem Ammoniummolybdat, einem Polymolybdat der Zusammensetzung $(MoO_3)_4 . 3MoO_4(NH_4)_2 . 4H_2O$, Molybdänsäureanhydrid, MoO_3 frei. Letzteres tritt mit der Phosphorsäure zu einer „Heteropolysäure", der komplexen Phosphormolybdänsäure zusammen, und diese gibt mit Ammoniumnitrat ein saures Ammoniumsalz als unlöslichen, gelben Niederschlag:

$$PO_4H_3 + 12\,MoO_3 + 2\,H_2O = [P(Mo_2O_7)_6]H_7$$
$$[P(Mo_2O_7)_6]H_7 + 3\,NH_4NO_3 = [P(Mo_2O_7)_6]H_4(NH_4)_3 + NO_3H.$$

Ein anderes wesentliches Verfahren zur Bestimmung des Phosphatgehaltes des Kunstdüngers ist folgendes:

Versuch 50. Etwa 1 g käufliches Superphosphat wird mit 100 ccm Wasser aufgekocht und filtriert. Zu einem Teil des Filtrates füge man „Magnesiamischung", bereitet [2]) durch Lösen von 10 g kristallisiertem Magnesiumchlorid und 14 g Chlorammonium in 200 ccm 4 %igem Ammoniak-

[1]) Nicht vom Praktikanten darzustellen.

[2]) Im Laboratorium vorrätig zu halten, nicht vom Praktikanten darzustellen.

wasser (spez. Gew. 0,983). Es entsteht ein Niederschlag von Ammonium-magnesium-phosphat, $PO_4Mg(NH_4)$:

$$O:P\begin{array}{l}\diagup ONH_4\\ -ONH_4\\ \diagdown ONH_4\end{array} + MgCl_2 = O:P\begin{array}{l}\diagup O\diagdown\\ -O-Mg\\ \diagdown ONH_4\end{array} + 2\,NH_4Cl$$

Das Chlorammonium der Magnesiamischung erscheint nicht in der Reaktionsgleichung. Es dient lediglich dazu, das Magnesiumsalz in Lösung zu halten, während Ammoniak ohne Chlorammonium eine Ausscheidung von Magnesiumhydroxyd, $Mg(OH)_2$ veranlassen würde (näheres bei den Versuchen 59 und 60).

Versuch 51. Neben dem Superphosphat ist das „Thomasmehl" der wichtigste Phosphatdünger. Er löst sich im Boden unter dem Einfluß von Pflanzensäuren, deren Wirkung man bei der analytischen Prüfung durch Anwendung von Zitronensäure nachahmt: 2 g Thomasmehl werden mit 2 g Zitronensäure in 100 ccm Wasser aufgekocht. Man filtriert und prüft wie bei Versuch 57 auf Phosphorsäure. Gelber Niederschlag.

Dieses Verfahren ist ein qualitatives. Bei der quantitativen Handelsanalyse verfährt man in den Einzelheiten anders, ebenso bei der Analyse des Superphosphates. Die Substanzen werden mit den Lösungsmitteln nicht gekocht, sondern längere Zeit ohne Erwärmen geschüttelt.

Thomasmehl wird durch Vermahlen der Schlacke erhalten, die als Nebenprodukt abfällt, wenn man in der Bessemerbirne, die nach Thomas und Gilchrist mit Kalk beschickt ist, Luft durch geschmolzenes Roheisen preßt. Hierbei verbrennt der im Eisen enthaltene Kohlenstoff, wodurch das Roheisen seine Sprödigkeit verliert und schmiedbar wird. Zugleich verbrennt auch der Phosphor des Roheisens zu Phosphorpentoxyd (Phosphorsäureanhydrid, P_2O_5), welches durch den Kalk zu Tetracalciumphosphat gebunden wird:

$$P_2O_5 + 4\,CaO = P_2O_9Ca_4$$

Man kann das Salz als eine Verbindung von Tricalciumphosphat und Calciumoxyd, $(PO_4)_2Ca_3 . CaO$, auffassen. Es wird als Schlacke von dem Metallfluß abgegossen und nach dem Erkalten staubfein gemahlen. —

Versuch 52. Ein wenig Kalkstickstoff wird im Reagensglas mit wenig Wasser und einigen Tropfen verdünnter Natronlauge erwärmt. Es entweicht Ammoniak, das durch den Geruch und die Bläuung von befeuchtetem Lackmuspapier nachgewiesen wird.

Durch Glühen von Kalk mit Koks im elektrischen Ofen bei etwa 3000° entsteht Calciumcarbid:

$$CaO + 3\,C = CaC_2 + CO$$

Aus Luft gewonnener, von Sauerstoff befreiter Stickstoff wird vom Carbid bei etwa 1100° zu Kalkstickstoff (Gemisch von Calcium-cyan-amid, CaN . C⋮N, und Kohlenstoff) gebunden:

$$CaC_2 + N_2 = CaCN_2 + C$$

Im Ackerboden zerfällt Calciumcyanamid unter dem Einfluß von Kohlensäure und Wasser nacheinander in Cyanamid, N⋮C . NH_2, Harnstoff, $CO(NH_2)_2$ und Ammoniumcarbonat, $CO_3(NH_4)_2$:

$$N{\vdots}C.N{:}Ca + CO_3H_2 = N{\vdots}C.NH_2 + CaCO_3$$
$$N{\vdots}C.NH_2 + H_2O = O{:}\,C(NH_2)_2$$
$$O{:}\,C(NH_2)_2 + H_2O = O{:}\,C(ONH_4)_2$$

Im Boden wird Ammoniumcarbonat unter Oxydation in Kohlensäure und Salpetersäure zerlegt, welch letztere durch Kalk oder Kalkstein in Calciumnitrat übergeführt werden muß (vgl. die entsprechenden Reaktionsgleichungen bei Versuch 34).

Versuch 53. Man verteile eine Lösung von Strontiumchlorid, $SrCl_2 . 6H_2O$ auf drei Reagensgläser und füge dazu folgende Reagentien:

a) Verdünnte Schwefelsäure. Niederschlag von Strontiumsulfat:

$$SrCl_2 + H_2SO_4 = SrSO_4 + 2\,HCl$$

b) Ammoniak. Bei ausreichender Verdünnung kein Niederschlag, aber unter dem Einfluß der Luftkohlensäure fällt Strontiumkarbonat aus:

$$SrCl_2 + 2\,NH_4OH = Sr(OH)_2 + 2\,NH_4Cl$$
$$Sr(OH)_2 + CO_3H_2 = SrCO_3 + 2H_2O$$

c) Sodalösung. Niederschlag von Strontiumkarbonat:

$$SrCl_2 + Na_2CO_3 = SrCO_3 + 2\,NaCl$$

Diese Reaktionen zeigen die Ähnlichkeit des Strontiums mit Calcium und Baryum (s. u.). Von den Mineralien sind auch hier das Sulfat (SO_4Sr, Cölestin) und Karbonat (CO_3Sr, Strontianit) erwähnenswert. Cölestin ist das reichlicher vorkommende. Es wird durch Reduktion mit Kohle:

$$SrSO_4 + 4\,C = SrS + 4\,CO,$$

Einleiten von Kohlensäure in die Lösung des Sulfides:

$$SSr + CO_3H_2 = SH_2 + CO_3Sr$$

und starkes Glühen des ausgefallenen Karbonates:

$$SrCO_3 = CO_2 + SrO$$

in Strontiumoxyd verwandelt, welches mit Wasser Strontiumhydroxyd (Ätzstrontian), $Sr(OH)_2 . 8\,H_2O$ gibt. Dieses dient zur Ausfällung desjenigen Zuckers, der bei der Aufarbeitung des Rübensaftes in der „Melasse", dem von den Zuckerkristallen abgeschleuderten unreinen Syrup, zurückbleibt. Das abgeschiedene und ausgewaschene Bistrontiumsaccharat, $C_{12}H_{22}O_{11} . 2SrO$, gibt beim Zerlegen mit Kohlensäure Strontiumcarbonat und Zucker.

Versuch 54. Man befeuchte einige Gramm zerfaserten Asbest[1]) in einer Porzellanschale mit einer Lösung von Strontiumchlorid, füge Alkohol hinzu und entzünde ihn. Die Flamme färbt sich rot, daher die Anwendung des Salzes in der Feuerwerkerei.

Manche Metallsalze geben beim Verdampfen charakteristische Flammenfärbungen, welche analytisch die Erkennung sehr kleiner Mengen gestatten. Die Färbung ist bei den Salzen des Natriums gelb, des Kaliums violett, des Strontiums karminrot, des Calciums ziegelrot, des Baryums gelbgrün.

Die Elemente Calcium, Strontium und Baryum nennt man die „Erdalkalimetalle". Sie sind zweiwertig, während die Alkalimetalle (Natrium, Kalium usw.) einwertig sind. Carbonate von Calcium, Strontium und Baryum sind in ihrem natürlichen Vorkommen „erdige" Massen vom Typus des Kalksteins im Gegensatz zu den wasserlöslichen Carbonaten der Alkalimetalle.

Die Hydroxyde der Erdalkalimetalle geben in wässriger Lösung Niederschläge mit Kohlensäure. Zur Erkennung dieser Säure benutzt man vorzugsweise Baryumhydroxyd, weil es sich in größerer Konzentration in Wasser lösen läßt als Calcium- und Strontiumhydroxyd.

Versuch 55. In einem Becherglas werden einige ccm einer Lösung von Baryumchlorid mit Ammoniak versetzt. Dabei bildet sich Baryumhydroxyd:

$$BaCl_2 + 2\,NH_4OH = Ba(OH)_2 + 2\,NH_4Cl$$

Baryumhydroxyd ist in Wasser ziemlich leicht löslich („Barytwasser"), wenn also die Lösung des Baryumchlorids nicht zu konzentriert war, so findet keine Ausschei-

[1]) Der Versuch gelingt auch ohne Asbest, aber weniger schön.

dung von Baryumhydroxyd statt. Dagegen trübt sich das Gemisch allmählich, indem unter dem Einfluß der Luftkohlensäure Baryumkarbonat ausfällt:

$$Ba(OH)_2 + CO_3H_2 = 2\,H_2O + CO_3Ba$$

Der Niederschlag wird noch stärker beim Einblasen von Atemluft. Durch Zugabe von Salzsäure löst sich der Niederschlag wieder auf.

Luft besteht aus einem Gemisch von 20,81 Raumteilen Sauerstoff, 79,19 Stickstoff (einschließlich der Edelgase), 0,03 bis 0,04 Kohlendioxyd.

Versuch 56. Verdünnte Schwefelsäure einerseits, eine verdünnte Lösung von Natriumsulfat andererseits werden mit Baryumchloridlösung versetzt. Es fällt weißes Baryumsulfat aus:

$$H_2SO_4 + BaCl_2 = BaSO_4 + 2\,HCl$$
$$Na_2SO_4 + BaCl_2 = BaSO_4 + 2\,NaCl$$

Auch das Leitungswasser gibt diese Reaktion, falls in ihm Gips, $CaSO_4 . 2H_2O$, gelöst ist:

$$CaSO_4 + BaCl_2 = BaSO_4 + CaCl_2.$$

Baryumchlorid ist das vielgebrauchte Reagens zum Nachweis von Schwefelsäure und von Sulfaten (vgl. Versuch 25).

3. Magnesium.

Versuch 57. Grob gepulverter Magnesit, $MgCO_3$ (Magnesiumcarbonat, Kohlensaures Magnesium), wird im schwer schmelzbaren Reagensglas gelinde geglüht. Es entsteht Magnesiumoxyd:

$$CO_3Mg = MgO + CO_2$$

Das entweichende Kohlendioxyd läßt sich durch Einführen eines brennenden Zündholzes nachweisen: die Flamme erlischt. Nach dem Erkalten des Rohrinhaltes lege man ein Stückchen auf befeuchtetes rotes Lackmuspapier. Dasselbe färbt sich durch die Wirkung des Magnesiumhydroxydes, $Mg(OH)_2$, blau.

$$MgO + H_2O = Mg(OH)_2$$

Diese Reaktion zeigt die Ähnlichkeit des Magnesiumcarbonates mit dem Calciumcarbonat. Der Unterschied liegt darin, daß Magnesiumcarbonat schon bei schwacher Rotglut Kohlendioxyd verliert, während der Kalkofen helle Rotglut erfordert; und ferner ist Magnesiumhydroxyd viel weniger leicht löslich als Calciumhydroxyd.

Magnesit und Dolomit (CO_3Mg. CO_3Ca) werden gebrannt und wegen ihrer Beständigkeit gegen Weißglut zum Ausfüttern solcher Öfen und Bessemerbirnen verwandt, in denen man Roheisen von Kohlenstoff und Phosphor befreit (vgl. die Erläuterung zu Versuch 51).

Versuch 58. Man schütte wenig Magnesiumpulver durch die wagerecht gehaltene Bunsenflamme. Das Metall verbrennt mit blendendem, die Augen angreifendem Licht und unter Entwicklung eines Rauches von Magnesiumoxyd:

$$2\,Mg + O_2 = 2\,MgO$$

Magnesium wird durch Elektrolyse von geschmolzenem Carnallit gewonnen.

Versuch 59. 3 g gepulverter Carnallit werden in einem Reagensglas mit 30 ccm Alkohol übergossen. Man schließe das Gefäß mit dem Daumen und schüttele etwa 5 Minuten lang. Hierauf wird abfiltriert. Das Magnesiumchlorid des Carnallits befindet sich im Filtrat, das Kaliumchlorid bleibt im Rückstand. Nachweis des Magnesiumchlorids: Man verdünne die alkoholische Lösung mit etwa der gleichen Menge Wasser und füge Ammoniak hinzu. Es entsteht ein weißer Niederschlag von Magnesiumhydroxyd:

$$MgCl_2 + 2\,NH_4OH = Mg(OH)_2 + 2\,NH_4Cl$$

Das Herauslösen des Magnesiumchlorids aus dem Carnallit mit Alkohol hat selbstverständlich nur analytische Bedeutung. Die Abtrennung im Fabrikbetrieb geschieht entsprechend dem Verfahren von Versuch 39.

Versuch 60. Eine Lösung von Magnesiumchlorid wird mit Ammoniak versetzt. Es entsteht ebenso wie bei Versuch 50 ein Niederschlag von Magnesiumhydroxyd:

$$MgCl_2 + 2\,NH_4OH = Mg(OH)_2 + 2\,NH_4Cl$$

Auf Zusatz von Chlorammonium geht der Niederschlag wieder in Lösung:

$$Mg(OH)_2 + 2\,NH_4Cl = MgCl_2 + 2\,NH_4OH$$

Die zweite Gleichung ist die Umkehrung der ersten. Die Reaktion kann also sowohl in dem einen als auch in dem entgegengesetzten Sinne stattfinden:

$$MgCl_2 + 2\,NH_4OH \rightleftarrows Mg(OH)_2 + 2\,NH_4Cl$$

Welche von den beiden Reaktionen das Übergewicht gewinnt, hängt davon ab, ob Ammoniumhydroxyd oder Chlorammonium im Überschuß zugegen ist. Setzt man letzteres von vornherein in genügender Menge hinzu, so gibt Ammoniumhydroxyd keinen Niederschlag. Hiervon wird bei Bereitung der Magnesiamixtur und der Bestimmung der Phosphorsäure Gebrauch gemacht (s. Versuch 50). Der dabei erhaltene Niederschlag von Magnesiumammoniumphosphat ist zugleich die beste Form zur quantitativen Abscheidung des Magnesiums bei der Analyse:

Man versetze die ammoniakalische Lösung von Magnesiumhydroxyd in Chlorammonium mit Natriumphosphat. Aus konzentrierter Lösung fällt sofort, aus verdünnter nach einiger Zeit Magnesiumammoniumphosphat aus:

$$PO_4HNa_2 + NH_4OH = PO_4NH_4Na_2 + H_2O$$
$$PO_4NH_4Na_2 + MgCl_2 = PO_4NH_4Mg + 2\,NaCl$$

Versuch 61. Magnesiumchlorid oder Magnesiumsulfat (Bittersalz, $MgSO_4 . 7H_2O$) wird in Wasser gelöst und mit Sodalösung versetzt. Es fällt ein Gemisch von Magnesiumkarbonat und Magnesiumhydroxyd (basisches Karbonat, „Magnesia alba" der Apotheken) aus. Das Hydroxyd entsteht durch teilweise Hydrolyse des Karbonates.

$$SO_4Mg + CO_3Na_2 = CO_3Mg + SO_4Na_2$$
$$CO_3Mg + 2\,H_2O = Mg(OH)_2 + CO_2 + H_2O$$

oder:

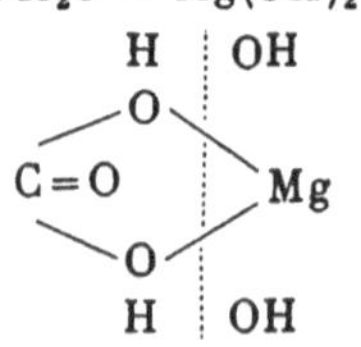

Bittersalz gewinnt man ebenso wie Magnesiumchlorid aus Staßfruter Salzen.

4. Aluminium.

Versuch 62. Man übergieße eine Messerspitze Aluminiumspäne tropfenweise mit wenig verdünnter Salzsäure. Das Metall löst sich unter Entwicklung von Wasserstoff zu Aluminiumchlorid:

$$Al + 3\,HCl = AlCl_3 + 3\,H.$$

Man filtriere die salzsaure Lösung und verwende je etwa 1 ccm davon zu folgenden Reaktionen:

a) Mit Ammoniak fällt weißes, gallertartiges Aluminiumhydroxyd, $Al(OH)_3$, aus:

$$AlCl_3 + 3\,NH_4OH = Al(OH)_3 + 3\,NH_4Cl$$

b) Mit Natriumcarbonat entsteht ebenfalls Aluminiumhydroxyd:

$$2AlCl_3 + 3CO_3Na_2 = (CO_3)_3Al_2 + 6NaCl$$
$$(CO_3)_3Al_2 + 3H_2O = 2Al(OH)_3 + CO_2$$

c) Dasselbe bildet sich auf Zusatz von Schwefelammonium:

$$2AlCl_3 + 3(NH_4)_2S = Al_2S_3 + 6NH_4Cl$$
$$Al_2S_3 + 6H_2O = 2Al(OH)_3 + 3SH_2$$

Aluminiumkarbonat, $(CO_3)_3Al_2$, und Aluminiumsulfid, Al_2S_3, deren Entstehen bei Reaktionen b und c angenommen wird, sind in Wasser unbeständig und werden sofort unter Bildung des Hydroxydes hydrolysiert.

d) Die Lösung des Aluminiumchlorids wird tropfenweise mit Natronlauge versetzt, bis ein Niederschlag entstanden ist. Derselbe besteht aus Aluminiumhydroxyd:

$$AlCl_3 + 3\,NaOH = Al(OH)_3 + 3\,NaCl$$

Der Niederschlag geht auf Zusatz von Salzsäure wieder in Lösung:

$$Al(OH)_3 + 3\,HCl = AlCl_3 + 3\,H_2O$$

Dabei verhält sich also Aluminiumhydroxyd wie eine Base, indem es unter Wasseraustritt ein Salz bildet.

In einem anderen Reagensglas erzeuge man ebenfalls mit Natronlauge Aluminiumhydroxyd, füge dann aber noch mehr Natronlauge hinzu und rühre gleichzeitig mit einem Glasstab um. Auch in diesem Fall löst sich der Niederschlag auf, wobei Natriumaluminat, $Al(OH)_2ONa$, entsteht:

$$Al\begin{cases}OH\\OH\\OH\end{cases} + NaOH = Al\begin{cases}OH\\OH\\ONa\end{cases} + H_2O$$

Aluminiumhydroxyd verhält sich also in diesem Falle wie eine Säure, da ein Wasserstoffatom durch Natrium ersetzt wird. Durch weiteren Zusatz von Natronlauge lassen sich auch die übrigen Wasserstoffatome gegen Natriumatome austauschen:

$$Al(OH)_3 + 3\,NaOH = Al(ONa)_3 + 3\,H_2O$$

Die Lösung ist nicht vollkommen klar. Das kann zum Teil daher rühren, daß im Aluminium etwas Eisen vorhanden war, das durch die Salzsäure als Ferrochlorid, $FeCl_2$, gelöst und durch die Natronlauge als Ferrohydroxyd, $Fe(OH)_2$, niedergeschlagen wurde. Zum Teil aber liegt der Grund der Trübung in dem Auftreten von kolloid gelöstem Aluminiumhydroxyd; dieses bleibt neben dem Natriumaluminat bestehen, weil die Acidität des Hydroxydes sehr gering ist, und seine Auflösung durch Natronlauge gemäß dem Schema

$$Al(OH)_3 + 3\,NaOH \rightleftarrows Al(ONa)_3 + 3\,H_2O$$

bis zu einem gewissen Grade rückläufig wird.

Kolloide Lösungen nennt man solche, in denen die Moleküle der gelösten Stoffe zu größeren Aggregaten vereinigt sind. Bei hoher Konzentration entstehen Gallerten. Der gelöste Stoff heißt Kolloid im Gegensatz zum Kristalloid. Letztere Bezeichnung gilt für die normal lösbaren und kristallisierbaren Substanzen. Kolloide, wie z. B. Eiweiß, Stärke, Gummi, Aluminiumhydroxyd u. a., kristallisieren nicht. Die Eigentümlichkeiten kolloider Lösungen und der in ihnen stattfindenden Reaktionen bedingen wahrscheinlich viele Besonderheiten bei den Vorgängen in lebenden Organismen, da diese großenteils aus Kolloiden bestehen. Auf der Durchlässigkeit poröser Wandungen für Kristalloide und ihrer Undurchlässigkeit für Kolloide beruht die Gewinnung des Rübenzuckers durch Osmose: beim Auslaugen der Rübenschnitzel diffundiert der kristalloide Zucker durch die Zellwandungen in das umgebende Wasser, das kolloide Pflanzeneiweiß und sonstige „Nichtzuckerstoffe" bleiben zurück, weil die Molekülaggregate die Poren nicht passieren können.

Versuch 63. Man erwärme in einem Reagensglase einige Aluminiumspäne mit verdünnter Natronlauge. Das Metall löst sich unter Wasserstoffentwicklung.

$$Al + 3\,NaOH = Al(ONa)_3 + 3\,H$$

Hierbei entsteht ebenso wie beim Lösen von Aluminiumhydroxyd in Natronlauge Natriumaluminat.

Versuch 64. 5 g Bauxit, $Al_2O_5H_4$, werden fein gepulvert mit 6 g kalzinierter Soda im Porzellantiegel innig gemischt und 10 Minuten lang im Gebläse geglüht, wobei unter Entweichen von Kohlendioxyd und Wasser Natriumaluminat entsteht. Dasselbe hat zum Teil die Formel $AlONa(OH)_2$ (s. S. 37), zum anderen Teil die um ein Molekül Wasser ärmere:

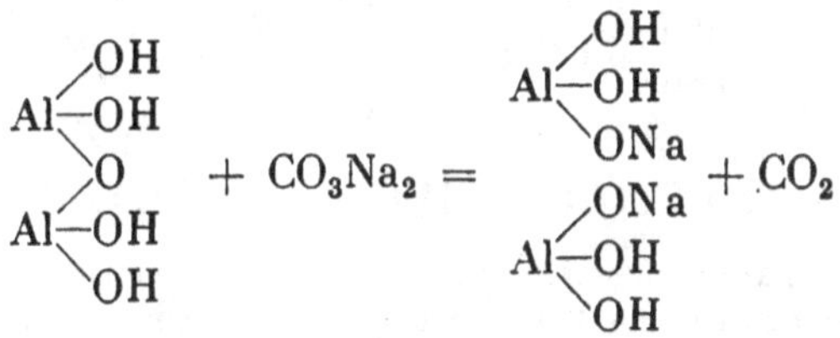

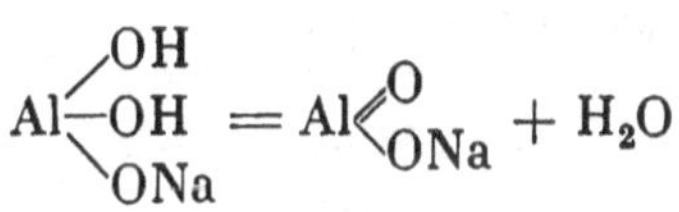

Das Mineral Bauxit kann man als Aluminiumhydroxyd auffassen, bei dem sich zwei Moleküle durch Austritt von Wasser verkettet haben;

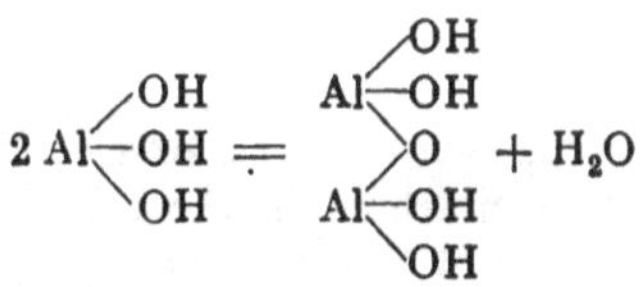

Außerdem enthält Bauxit noch Kieselsäure und Eisenoxyd.

Die Aufschließung des Bauxits erfordert eine sorgfältige Regelung der Gebläseflamme. Gas und Luft müssen so bemessen sein, daß der Tiegel hellrot erglüht und ausgiebig umspült wird. Da das meistens nur an der Stelle eintritt, auf welche die Flamme direkt aufprallt, so verändere man von Minute zu Minute die Lage des Tiegels und verrühre den Inhalt gelegentlich mit einem Eisendraht.

Das geglühte Gemisch wird nach vollkommenem Erkalten mit etwa 100 ccm Wasser ausgelaugt und filtriert. Zum Erkalten genügen etwa 10 Minuten. Es empfiehlt sich, mit dem Auslaugen nicht wesentlich länger zu warten, da das entstandene Natriumaluminat mit der Zeit unter Bildung von unlöslichem Aluminiumhydroxyd zerfällt.

Beim Filtrieren bleiben Eisenoxyd und Kieselsäure im Rückstand. Im Filtrat befindet sich Natriumaluminat. Durch Einleiten von Kohlensäure in die Lösung erhält man einen weißen Niederschlag von Aluminiumhydroxyd:

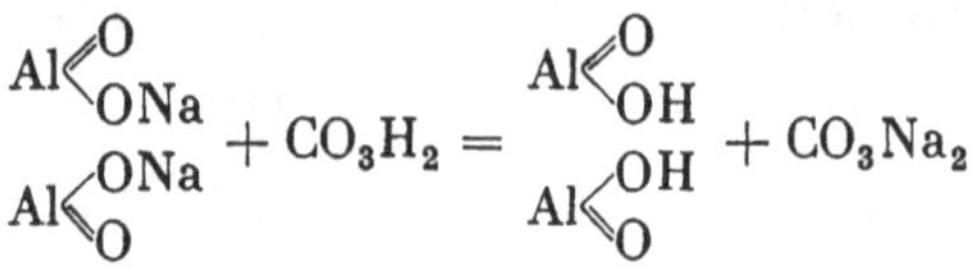

$$2\,AlO.OH + 2\,H_2O = 2\,Al(OH)_3$$

Das so gewonnene Aluminiumhydroxyd bildet in der Technik das Rohmaterial für die Gewinnung des Aluminiums, des Aluminiumsulfates und des Alauns.

Bei der Fabrikation von Aluminium führt man das Aluminiumhydroxyd durch Glühen in Aluminiumoxyd, Al_2O_3, über:

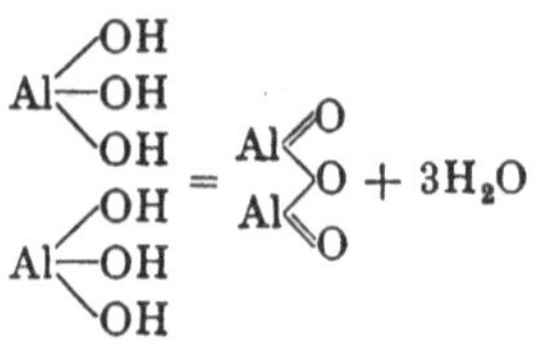

Das Aluminiumoxyd wird in geschmolzenem grönländischem Kryolith ($AlFl_6Na_3$, Natriumaluminiumfluorid, Natriumsalz des Aluminiumfluorwasserstoffs) gelöst und im elektrischen Ofen in Aluminium und Sauerstoff zerlegt.

Der technische Wert des Aluminiums beruht auf der Möglichkeit, es billig herzustellen, und auf den beiden typischen Eigenschaften der Leichtmetalle: Leichtigkeit und große Verwandtschaft zum Sauerstoff. Wegen der Leichtigkeit (spez. Gew. 2,7) eignet es sich als Gerüst für Luftschiffe, seine Verwandtschaft zum Sauerstoff gestattet die Desoxydation von Stahl, d. h. die Entfernung von eingeschlossenem Sauerstoff, ferner die Gewinnung gewisser Metalle aus ihren Oxyden, die durch Kohle viel schwerer reduzierbar sind. Auf diese Weise wird bei Weißglut Chrom dargestellt:

$$Cr_2O_3 + 2\,Al = Al_2O_3 + 2\,Cr$$

desgleichen Mangan.

Daß Aluminiumgegenstände trotz der Leichtigkeit, mit der das Metall sich oxydiert, blank erscheinen, rührt daher, daß sie mit einer unsichtbaren Schicht von Aluminiumoxyd bedeckt sind, die das darunter Liegende schützt.

Versuch 65. Das im Reaktionsgemisch von Versuch 47 suspendierte Aluminiumhydroxyd bringe man in der Siedehitze durch tropfenweisen Zusatz von verdünnter Schwefelsäure in Lösung:

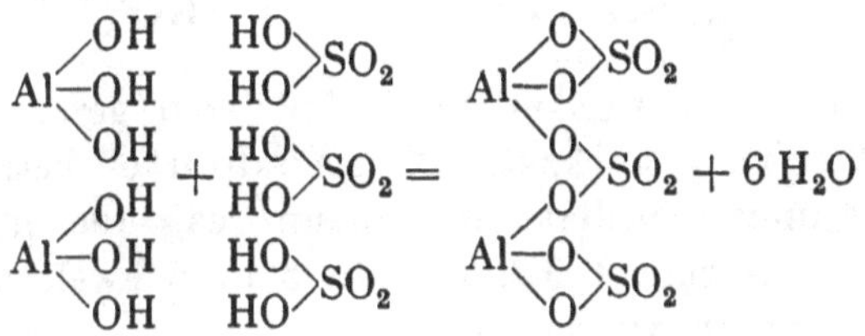

oder

$$2\,Al(OH)_3 + 3\,SO_4H_2 = Al_2(SO_4)_3 + 6\,H_2O$$

Durch Eindampfen der Lösung würde sich festes Aluminiumsulfat, $Al_2(SO_4)_3$ mit 18 Molekülen Kristallwasser ausscheiden. Die Kristalle sind nicht gut ausgebildet, wodurch die reinliche Ausscheidung erschwert wird. Das ist der Grund, weshalb man in der Technik das Aluminiumsulfat in Alaun überführt.

Versuch 66. Darstellung von Alaun aus „äquimolekularen" Mengen Aluminiumsulfat und Kaliumsulfat; man versteht darunter Mengen, die im Verhältnis ihrer Molekulargewichte stehen, also z. B. je $^1/_{20}$ „Grammolekül":

33 g Aluminiumsulfat werden in 40 ccm Wasser

und

9 g Kaliumsulfat in 50 ccm Wasser

gelöst, wobei man den Lösungsvorgang durch vorheriges feines Pulvern der Substanzen und durch schwaches Erwärmen unterstützt. Etwa ungelöst bleibende Substanz wird durch Filtrieren entfernt. Beim Vereinigen der klaren Lösungen bilden sich nach einiger Zeit Kristalle von Alaun $(SO_4)_2AlK$ (Kaliumaluminiumsulfat) mit 12 Molekülen Kristallwasser:

$$Al_2(SO_4)_3 + K_2SO_4 = 2\,(SO_4)_2AlK$$

oder

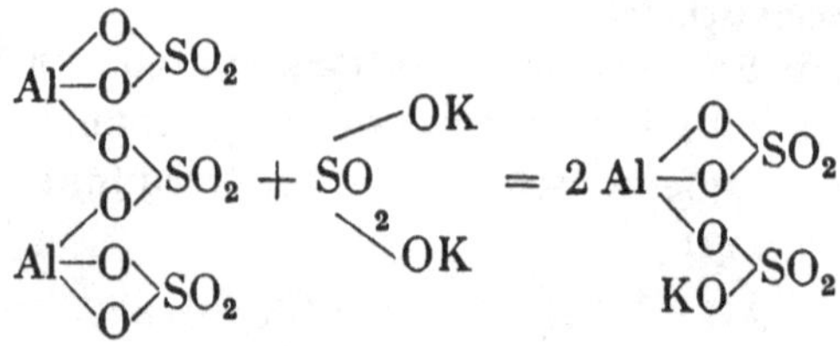

Die Kristalle werden durch Filtrieren gesammelt und auf Fließpapier getrocknet. Die „Ausbeute" beträgt etwa 30 g. Aluminiumsulfat und Alaun reagieren in Lösung sauer, weil sie zum Teil hydrolytisch in Schwefelsäure und Aluminiumhydroxyd zerfallen.

Das theoretische Maximum der Ausbeute einer Reaktion ergibt sich aus der Reaktionsgleichung und den Molekulargewichten der Ausgangs- und Endprodukte. Das Molekulargewicht ist

$$\text{für } Al_2(SO_4)_3 . 18\,H_2O = 667,$$
$$\text{für } AlK(SO_4)_2 . 12\,H_2O = 475.$$

Die Alaunmenge x, die theoretisch aus 33 g Aluminiumsulfat erhältlich ist, wird aus der Gleichung

$$\frac{x}{33} = \frac{2 . 475}{667}$$

berechnet, wonach x = 46,98 g. Wenn also die tatsächliche Ausbeute 30 g betrug, so war das 63,8 % der Theorie.

Derartige Rechnungen nennt man nach einem griechischen Wort „stöchiometrische" (bestandteilbemessende). Sie fußen auf dem Gesetze, daß die Bestandteile chemischer Verbindungen, im Gegensatz zu denen von Lösungen und Gemischen, stets in bestimmten Gewichtsverhältnissen zueinander stehen. Kennt man das Verhältnis, so läßt sich bemessen, welche Mengen im Minimum vereinigt werden müssen, um ein bestimmtes Quantum einer Substanz aus ihren Komponenten aufzubauen. So brauchte man bei Versuch 49 zur Darstellung von 47 g Alaun wenigstens 33 g Aluminiumsulfat und 9 g Kaliumsulfat.

Wie das Versuchsergebnis zeigt, wird die theoretische Ausbeute nicht erreicht; es müßte mehr von jenen Materialien genommen werden, wenn 47 g Alaun entstehen sollten. Die stöchiometrische Berechnung läßt also praktisch nur erkennen, wieviel im besten Falle erhalten werden kann. Dieses Optimum stellt sich bei manchen Reaktionen ein, bei anderen dagegen nicht, weil entweder neben der gewünschten Reaktion noch andere stattfinden, die zu Nebenprodukten führen, oder weil die darzustellende Substanz sich nicht quantitativ ausscheidet, wie im Falle des Alaunes. Es fragt sich dann, ob es lohnend ist, durch Eindampfen weitere Mengen zu gewinnen.

Hieraus folgt: Der technische Wert einer chemischen Reaktion richtet sich

1. nach dem Einstandspreis der Rohstoffe,
2. nach dem Verkaufswert des Endproduktes,
3. nach der Ausbeute. —

Aluminiumsulfat und Alaun dienen hauptsächlich zum Gerben und zum Färben. Gerben nennt man die Behandlung der Häute mit solchen Stoffen, die sie schmiegsam machen und vor Fäulnis schützen. Beim Färben wirken die Aluminiumverbindungen als „Beize", ein Wort, dessen technische Bedeutung die ist, daß die betreffende Substanz die Vereinigung von Farbstoff und Faser vermittelt.

Versuch 67. 4 g Alaun und 4 g Natriumacetat (essigsaures Natrium), $CH_3CO_2Na \cdot 3H_2O$, werden zusammen in 50 ccm kaltem Wasser gelöst und dann erwärmt. Es entsteht durch Hydrolyse eine Gallerte von basisch essigsaurem Aluminium:

$$(SO_4)_2KAl + 3\,CH_3CO_2Na = SO_4Na_2 + SO_4KNa + Al(CO_2CH_3)_3$$

$$Al(CO_2CH_3)_3 + 2\,H_2O = Al\begin{cases}OH\\OH\\(CO_2CH_3)\end{cases} + 2\,CH_3CO_2H$$

Zu der Gallerte füge man 75 ccm einer einprozentigen Suspension von Alizarin, die vorher[1]) durch Auffüllen von 10 ccm der 20prozentigen technischen Paste auf 200 ccm dargestellt wurde. Das Ganze wird bis zum Sieden erhitzt, wobei ein tiefroter Farblack entsteht, dessen Zusammensetzung wechselt, so daß eine bestimmte Reaktionsgleichung nicht aufgestellt werden kann.

In den Färbereien werden die Stoffe mit hydrolysierbaren Aluminiumsalzen imprägniert und dann in warmen und feuchten Räumen aufgehangen, wodurch sich basisches Salz auf der Faser niederschlägt.

[1]) Im Laboratorium vorrätig zu halten und nicht vom Praktikanten darzustellen.

Beim nachfolgenden Ausfärben in Alizarin entsteht der Farblack auf der Faser.

Versuch 68. 10 g feingemahlener Portlandcement werden mit 10 ccm Wasser verrührt. Die Masse erhärtet je nach der Art des Cementes im Laufe von Minuten oder von Stunden. Durch Übergießen mit etwa 50 ccm verdünnter Salzsäure löst sich der erhärtete Cement wieder auf. Die Lösung zeigt die gelbe Farbe des Eisenchlorids, enthält im übrigen Aluminiumchlorid und Kieselsäure, welch letztere sich zum Teil als flockige Gallerte abscheidet.

Aluminium findet sich in besonders reichen Mengen an Kieselsäure gebunden. Von den betreffenden Mineralien ist der Ton am wichtigsten, da er den Hauptrohstoff für die Keramik, die Herstellung des Portland-Cementes und des Ultramarins bildet.

Ton hat in reinem Zustand die Formel $Al_2O_3 . 2SiO_2 . 2H_2O$, die man so auffassen kann, als habe sich Kieselsäure, SiO_3H_2, mit Aluminiumhydroxyd unter Austritt von Wasser vereinigt:

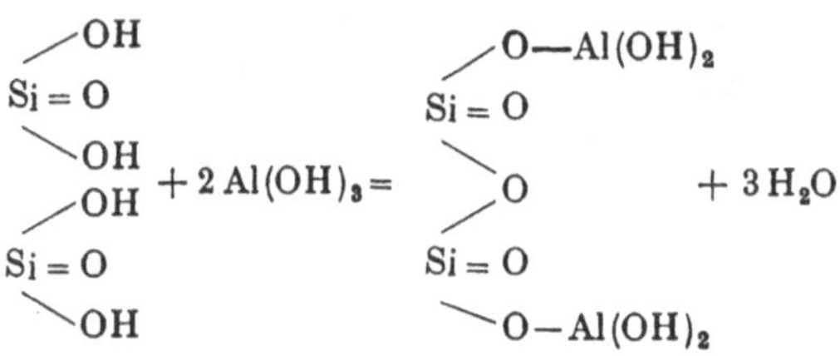

Aluminiumoxyd als die eine Komponente des Tones wird auch als „Tonerde" bezeichnet.

Cement gewinnt man durch Brennen eines Gemisches von etwa 1 Teil eisenhaltigem Ton mit 3 Teilen Calciumcarbonat. Welche Reaktionen beim Brennen stattfinden, und auf welcher Reaktion die Erhärtung mit Wasser beruht, ist nicht vollkommen aufgeklärt.

Die Rolle des Tones in der Keramik beruht wesentlich darauf, daß Ton „plastisch" ist, d. h. sich mit Wasser zu einer bildsamen Masse anteigen läßt. Nach dem Formen der Ware wird dieselbe gebrannt, wobei sie unter Abgabe des mechanisch und des chemisch gebundenen Wassers fest wird. Bei dem edelsten keramischen Erzeugnis, dem Porzellan, ist die gebrannte Masse von geschmolzenem Feldspat ($K_2O . Al_2O_3 . 6SiO_2$ und $Na_2O . Al_2O_3 . 6SiO_2$) durchdrungen.

Durch Verwittern von Feldspat und feldspathaltigen Mineralien, insbesondere Granit, entsteht im Boden wasserlösliches Kaliumsalz, das den Pflanzen zugute kommt.

Versuch 69. 20 g Ultramarin werden mit 20 ccm Wasser verrührt und mit soviel Salzsäure versetzt, daß die blaue Farbe verschwindet, wozu etwa 20 ccm verdünnter Säure erforderlich sind. Man koche die Mischung einige Minuten, wobei Schwefelwasserstoff entweicht, verdünne mit noch 40 ccm Wasser und filtriere. Im Rückstand befinden sich Schwefel, Ton und Kieselsäure, im Filtrat ebenfalls Kieselsäure und außerdem Aluminiumchlorid.

Bei der Herstellung des Ultramarins glüht man Ton mit Soda, Kohle und Schwefel. Die Analysen ergeben ungefähr die Formel $Si_6Al_6Na_6S_4O_{20}$, indessen ist die Einheitlichkeit des entstehenden Produktes zweifelhaft. Man braucht Ultramarin in großem Maßstabe zum Bläuen von weißen Gegenständen, wie Papier, Stärke, Wäsche, Kattun. Hierbei wird ein bläuliches Weiß erzielt, das dem Auge als ein besonders reines Weiß erscheint.

Das Filtrat von Versuch 69 wird auf dem Wasserbade vollkommen zur Trockne gedampft, wobei die Löslichkeit der Kieselsäure erheblich abnimmt, ohne ganz zu verschwinden. Um letzteres zu erreichen, befeuchte man den Rückstand mit konz. Salzsäure und dampfe wiederum zu Trockne.

Zum Nachweis des Aluminiums im Filtrat des zersetzten Ultramarins nehme man den Rückstand mit verdünnter Salzsäure auf und filtriere. Auf dem Filter befindet sich die Kieselsäure, im Filtrat Aluminiumchlorid, das auf Zusatz von Ammoniak einen weißen Niederschlag von Aluminiumhydroxyd gibt:

$$AlCl_3 + 3\,NH_4OH = Al(OH)_3 + 3\,NH_4Cl$$

Die unlöslich ausgeschiedene Kieselsäure läßt sich durch Kochen mit Soda wieder auflösen. Das so entstehende kieselsaure Natrium ist in dem käuflichen „Wasserglas“ enthalten, das durch Schmelzen von Quarz mit Soda und Auflösen in Wasser erhalten wird und zu Herstellung von Kitten und zum Füllen minderwertiger Seifen dient.

Versuch 70. Man versetze Wasserglas mit konz. Salzsäure. Es erfolgt Ausscheidung von Kieselsäure.

Wasserglas besteht aus einem Gemisch von verschiedenen Natrium- oder Kaliumsilikaten, wie z. B. Na_2SiO_3 ($= SiO_2 . Na_2O$),

$(SiO_2)_2 . Na_2O$, $(SiO_2)_3 . Na_2O$ usw. Die mit Salzsäure ausgefällte Gallerte besteht dementsprechend aus einem Gemisch von $SiO_2 . H_2O$, $(SiO_2)_2 . H_2O$, $(SiO_2)_3 . H_2O$ usw. Diesen Formeln entspricht die Mannigfaltigkeit der Silikate, zu denen außer den Mineralien (s. o. Ton und Feldspat) auch das Glas zu rechnen ist. Die Zusammensetzung der Gläser entspricht ungefähr den Formeln $CaO . Na_2O . 6SiO_2$ (Fensterglas), $CaO . K_2O . 6SiO_2$, (schwer schmelzbares Glas) $PbO . K_2O . 6SiO_2$ (Kristalglas).

II. Die Schwermetalle.

1. Zink.

Versuch 71. Ein kleines Stück Zinkwolle wird im Porzellantiegel oder auf dem Deckel eines solchen mit der Bunsenflamme entzündet. Das Metall verbrennt mit blendender, hellblauer Flamme und Entwicklung eines Rauches von Zinkoxyd:

$$2\,Zn + O_2 = 2\,ZnO.$$

In den Zinkhütten wird hauptsächlich Schwefelzink, ZnS (Zinkblende), zum Teil auch Zinkkarbonat, CO_3Zn (Galmei) verarbeitet. Durch Abrösten der Blende entstehen Zinkoxyd und Schwefeldioxyd:

$$2\,ZnS + 3\,O_2 = 2\,ZnO + 2\,SO_2$$

Das Schwefeldioxyd wird wie das aus Pyrit erhaltene (s. die Erläuterung zu Versuch 25) auf Schwefelsäure verarbeitet. Das Zinkoxyd glüht man zusammen mit Koks:

$$ZnO + C = Zn + CO$$

Das Gemisch von Zinkoxyd und Koks befindet sich dabei in Schamotteretorten, die mit kalten Vorlagen verbunden sind. In letztere destilliert das Metall über, wobei es zum Teil zu kompakten Massen, zum Teil zu Zinkstaub erstarrt.

Das Zink hat große Verwandtschaft zum Sauerstoff. Es ist ein unedles Metall und oxydiert sich schon bei gewöhnlicher Temperatur. Trotzdem ist es als Walzblech und als Überzug auf Eisen von großer Beständigkeit, weil es sich mit einer schützenden Haut von Zinkoxyd und Zinkkarbonat überzieht.

Die im ersten Abschnitt dieses Buches genannten Leichtmetalle und ihre spezifischen Gewichte sind: Na 0,86, K 0,97, Ca 1,52, Sr 2,80, Ba 3,8, Mg 1,75, Al 2,70. Es folgen im zweiten Abschnitt die Schwermetalle Zn 6,92, Eisen 7,86, Nickel 9,0, Chrom 6,8, Mangan 7,4,

Kupfer 8,96, Quecksilber 13,6, Silber 10,5, Gold 19,3, Zinn 7,3, Blei 11,36, Arsen 5,7, Antimon 6,5, Wismut 9,8. Die Leichtmetalle sind in ihrem natürlichen Vorkommen derartig fest an andere Elementen gebunden, daß sie nur durch das neuere Verfahren der elektrothermischen Zersetzung gewonnen werden können. Die Schwermetalle lassen sich dagegen relativ leicht dadurch isolieren, daß man ihre Erze oder die daraus gewonnenen Sauerstoffverbindungen nach dem alten Verfahren mit Koks glüht. Dieser technologische Unterschied rechtfertigt die hier gewählte Einteilung. Dieselbe stimmt im allgemeinen mit der Einteilung nach den Gesichtspunkten der theoretischen Chemie überein. Eine Abweichung besteht insofern, als man in der theoretischen Chemie Magnesium und Zink wegen ihrer Zweiwertigkeit in eine Gruppe zu verweisen und desgleichen Aluminium und Eisen wegen ihrer Dreiwertigkeit zusammenzufassen pflegt.

Versuch 72. Einige Gramm gewöhnliches Zink, nicht chemisch reines, werden mit etwa 10 ccm verdünnter Salzsäure gelinde erwärmt, wobei unter stürmischer Wasserstoffentwicklung Chlorzink, $ZnCl_2$, in Lösung geht:

$$Zn + 2\,HCl = ZnCl_2 + 2\,H$$

Chemisch reines Zink löst sich in Säure nur schwierig; der Wasserstoff wird von der Zinkoberfläche festgehalten, wodurch die Reaktion zum Stillstand kommt. Sind aber andere Metalle, wenn auch nur in minimalen Mengen zugegen, so entwickelt sich an ihnen das Gas, und das Zink löst sich auf.

Die erhaltene Lösung von Chlorzink wird nach beendeter Wasserstoffentwicklung mit etwas Wasser verdünnt, vom Ungelösten abfiltriert und in einzelnen kleinen Portionen mit folgenden Reagentien versetzt:

a) wenig Natronlauge; es scheidet sich Zinkhydroxyd aus, das sich bei weiterem Zusatz von Natronlauge zu Natriumzinkat löst. Die Formel ist je nach der Alkalimenge $Zn(ONa)_2$ oder $ZnOH\,.\,ONa$:

$$ZnCl_2 + 2NaOH = Zn(OH)_2 + 2NaCl$$

$$Zn(OH)_2 + NaOH = Zn\begin{matrix}\diagup OH \\ \diagdown ONa\end{matrix} + H_2O$$

$$Zn(OH)_2 + 2\,NaOH = Zn\begin{matrix}\diagup ONa \\ \diagdown ONa\end{matrix} + 2\,H_2O$$

Außerdem ist ein Teil des Zinkhydroxydes kolloid gelöst. Zinkhydroxyd stellt sich also dem Aluminiumhydroxyd zur Seite. Ebenso löst sich Zink gerade so wie Aluminium in Natronlauge und in Kalilauge:

$$Zn + 2\,NaOH = Zn(ONa)_2 + 2\,H$$

b) mit wenig Ammoniak fällt Zinkhydroxyd aus:

$$ZnCl_2 + NH_4OH \rightleftarrows Zn(OH)_2 + 2\,NH_4Cl$$

Durch weiteren Ammoniakzusatz geht der Niederschlag unter Bildung von komplexen Hexammin-Zinkhydroxyd in Lösung:

$$Zn(OH)_2 + 6\,NH_3 = [Zn(NH_3)_6](OH)_2$$

Ammoniumhydroxydlösung reagiert zum Teil wie freies Ammoniak NH_3, weil die Addition des letzteren an Wasser nicht quantitativ ist. Die Reaktion verläuft auch in diesem Falle nach zwei entgegengesetzten Richtungen:

$$NH_3 + H_2O \rightleftarrows NH_4OH$$

d. h. es stellt sich ein Gleichgewichtszustand ein, bei dem NH_3, H_2O und NH_4OH nebeneinander bestehen.

Versuch 73. Eine Lösung von Zinksulfat versetze man a) mit einer Lösung von Schwefelammonium; es fällt grau-weißes Zinksulfid aus:

$$ZnSO_4 + (NH_4)_2S = ZnS + (NH_4)_2SO_4$$

b) mit Sodalösung; es fällt ein Gemisch von Zinkcarbonat und Zinkhydroxyd aus:

$$ZnSO_4 + Na_2CO_3 = ZnCO_3 + Na_2SO_4$$
$$ZnCO_3 + H_2O = Zn(OH)_2 + CO_2$$

Versuch 74. Etwa 1 g Lithopon wird mit 10 ccm verdünnter Salzsäure gekocht. Ein Teil der Substanz löst sich unter Entwicklung von Schwefelwasserstoff. Ein anderer, aus Baryumsulfat bestehender bleibt ungelöst und wird durch Filtrieren abgetrennt. Im Filtrat läßt sich durch Zusatz von Sodalösung Zink nachweisen (s. Versuch 72 b).

Lithopon ist ein weißes Pigment von großer Deckkraft. Es besteht aus Baryumsulfat und Schwefelzink. Letzteres löst sich in heißer Salzsäure:

$$ZnS + 2\,HCl = ZnCl_2 + H_2S.$$

2. Eisen.

Versuch 75. $^2/_{10}$ Grammatome Eisen (= etwa 11 g) in Form von Gußeisenspänen werden mit 100 ccm Wasser übergossen und darauf unter Zusatz von $^2/_{10}$ Grammmolekülen Schwefelsäure (= etwa 11 ccm konz. Säure) auf dem Wasserbade erwärmt. Das Metall löst sich unter Entwicklung von Wasserstoff und stark riechenden Kohlenwasserstoffen zu Ferrosulfat:

$$Fe + SO_4H_2 = H_2 + SO_4Fe$$

Nachdem die Gasentwicklung zum Stillstand gekommen ist, wird die Lösung von dem in Säure nicht löslichen Rückstand abfiltriert und auf dem Wasserbad auf etwa die Hälfte des Volumens eingeengt. Beim Erkalten scheidet sich kristallinisches Eisenvitriol $SO_4Fe . 7H_2O$, aus. Man berechne die theoretische Ausbeute und wäge die tatsächliche nach vorausgegangenem Trocknen der Kristalle auf Fließpapier.

Die Eisenerze bestehen der Hauptsache nach aus Verbindungen des Eisens mit Sauerstoff oder gehen durch „Rösten" in solche über. Im Hochofen glüht man die gerösteten Erze mit Koks unter Einblasen von Luft. Hierbei reduziert das entstehende Kohlenoxyd das Eisenoxyd:

$$Fe_2O_3 + 2\,CO = 2\,Fe + 3\,CO_2$$

Außerdem findet im Hochofen noch ein wesentlicher Vorgang statt: Der Kohlenstoff des Kokses, durch dessen Verbrennung das reduzierende Kohlenoxyd erzeugt wird, löst sich zu etwa 4,5 % des Eisengewichtes in dem geschmolzenen Metall auf. Beim Erkalten bleibt der Kohlenstoff zum Teil in „fester Lösung" mit dem Eisen, zum Teil sondert er sich in feiner, das Metall durchziehender Form aus. Das „Roheisen" des Hochofens erhält hierdurch seine Gießbarkeit, denn der Erstarrungspunkt von geschmolzenem reinem Eisen, der bei 1540° liegt, sinkt durch die Kohlenstoffaufnahme auf etwa 1100°.

Roheisen bleibt darum lange genug flüssig, um die Gußformen scharf auszufüllen, während chemisch reines vorzeitig erstarren würde.

Da die große Menge der Kohlenstoffeinschlüsse die Einheitlichkeit des Metalles stört, ist Roheisen spröde. Schmiedbar ist es bei einem Kohlenstoffgehalt von nicht mehr als 1,6 %. Um Roheisen in schmiedbares Eisen zu verwandeln, wird ein Teil des Kohlenstoffs im Puddelofen oder in der Bessemerbirne oder im Siemens-Martinofen verbrannt.

Der Kohlenstoff des Roheisens wird bei Versuch 75 bemerkbar: Ein Teil entweicht an Wasserstoff gebunden, ein anderer bleibt in Gestalt schwarzer Flocken zurück.

Das Lösen des Eisens in Säure wird durch die Beimengungen beschleunigt. Versuch 75 gelingt weniger leicht, wenn man ein reineres Eisen, z. B. Blumendraht nimmt.

Versuch 76. Reaktionen von Ferrosalz. Man verteile eine Lösung von Ferrosulfat auf 5 Reagensgläser und füge dazu:

a) Natronlauge. Niederschlag von Ferrohydroxyd $Fe(OH)_2$, das sich an der Luft zu Ferrihydroxyd, $Fe(OH)_3$, oxydiert, wobei die anfangs grünlich weiße Farbe in Braun übergeht:

$$SO_4Fe + 2\,NaOH = Fe(OH)_2 + SO_4Na_2$$
$$2\,Fe(OH)_2 + O + H_2O = 2\,Fe(OH)_3$$

oder

$$\begin{matrix} Fe\begin{matrix}\diagup OH\\ \diagdown OH\end{matrix} \\ Fe\begin{matrix}\diagup OH\\ \diagdown OH\end{matrix} \end{matrix} + O + HOH = \begin{matrix} Fe\begin{matrix}\diagup OH\\ -OH\\ \diagdown OH\end{matrix} \\ Fe\begin{matrix}\diagup OH\\ -OH\\ \diagdown OH\end{matrix} \end{matrix}$$

Exakter lautet diese Gleichung:

$$4\,Fe(OH)_2 + O_2 + 2\,H_2O = 4\,Fe(OH)_2$$

da Luftsauerstoff molekularen Sauerstoff O_2 enthält. Man pflegt in diesem Falle, wie in anderen ähnlichen, die Gleichung der Kürze halber auf ein Sauerstoffatom zu reduzieren.

Eisen tritt in den Ferri- oder Oxydverbindungen dreiwertig in den Ferro- oder Oxydulverbindungen zweiwertig auf.

b) Ammoniak fällt ebenfalls Ferrohydroxyd, aber nicht so vollständig wie Natronlauge, da die Reaktion ebenso wie beim Magnesiumhydroxyd durch das entstehende Ammoniumsalz in entgegengesetztem Sinne beeinflußt wird:

$$SO_4Fe + 2\,NH_4OH \rightleftarrows Fe(OH)_2 + SO_4(NH_4)_2$$

c) Schwefelammonium fällt schwarzes Ferrosulfid:

$$SO_4Fe + (NH_4)_2S = FeS + SO_4(NH_4)_2$$

Das natürlich vorkommende Schwefeleisen (Pyrit, Eisenkies, Schwefelkies), durch dessen Abrösten Schwefeldioxyd dargestellt wird, hat die Formel FeS_2, ist also verschieden von dem künstlich dargestellten Eisensulfid.

d) Man löse ein wenig Cyankalium in Wasser, ohne an dem Salz zu riechen oder es versehentlich mit Säure zusammenzubringen, da es unter diesen Umständen giftig wirkt. Die Cyankaliumlösung gieße man tropfenweise zu etwa 1 ccm Ferrosulfatlösung. Es fällt Ferrocyanid, $Fe(CN)_2$, aus, das sich bei weiterem Cyankaliumzusatz zu Ferrocyankalium $K_4[Fe(CN)_6]$ auflöst:

$$SO_4Fe + 2KCN = Fe(CN)_2 + SO_4K_2$$
$$Fe(CN)_2 + 4KCN = K_4[Fe(CN)_6]$$

Man verteile die erhaltene Lösung auf zwei Reagensgläser und versetze das eine mit Schwefelammonium, das andere mit Natronlauge. Die sonst mit diesen Reagentien und mit Eisensalzen entstehenden Niederschläge bleiben aus, weil das Eisen nicht als selbständiges Jon in Lösung ist, sondern einen Teil des komplexen Jones $[Fe(CN)_6]''''$ gebildet hat, und dieses sich mit dem S'-Jon des Schwefelammoniums und dem OH'-Jon des Natriumhydroxydes nicht vereinigt.

Das unmittelbar aus den Retorten der Gaswerke entweichende Leuchtgas enthält eine Reihe von Bestandteilen, die man entfernt, bevor das Gas weitergeleitet wird. Es sind hauptsächlich Teer, Ammoniak, Cyanwasserstoff und Schwefelwasserstoff. Der Cyanwasserstoff (Blausäure), HCN, wird aufgefangen, indem man das Gas durch eine Lösung von Eisenvitriol hindurchleitet, wobei ähnliche Reaktionen stattfinden wie bei obigem Versuch mit Cyankalium. Ein älteres Verfahren benutzt zum Reinigen des Gases Raseneisenstein.

Die so erhaltenen Eisencyanverbindungen werden auf Ferrocyannatrium und Ferrocyankalium verarbeitet. Diese beiden Salze dienen u. a. zur Darstellung von Cyankalium und Cyannatrium mit Hilfe von Natrium:

$$K_4[Fe(CN)_6] + 2\,Na = 4\,KCN + 2\,NaCN + Fe$$

Das Gemisch von Cyannatrium und Cyankalium wird zum Extrahieren des Goldes aus dem Muttergestein benutzt.

Eine Lösung von Cyankalium riecht nach dem sehr giftigen Cyanwasserstoff, weil das Salz weitgehend hydrolysiert ist:

$$KCN + H_2O \rightleftarrows KOH + HCN$$

Aus festem Cyankalium wird durch die Feuchtigkeit und die Kohlensäure der Luft ebenfalls etwas Cyanwasserstoff abgespalten:

$$2\,CNK + CO_3H_2 = 2\,CNH + CO_3K_2$$

e) Man fülle ein Reagensglas zur Hälfte mit einer Lösung von Tannin (Gerbsäure) in Wasser und füge dazu einige Tropfen einer Eisenvitriollösung. Es entsteht kein Niederschlag, sondern höchstens eine leichte Violettfärbung. Setzt man jetzt etwas Bromwasser hinzu, so bildet sich intensiv blauschwarzes gerbsaures Eisen (Ferritannat).

Die Reaktion beruht auf der Oxydation des Ferrosalzes zu Ferrisalzen

$$3\,SO_4Fe + 3\,Br = (SO_4)_3Fe_2 + FeBr_3$$

worauf die Ferrisalze mit Tannin reagieren. Letztere Reaktionsgleichung ist nicht festgestellt.

Nimmt man beim Mischen der Tanninlösung mit Eisenvitriol einen Überschuß des letzteren, so erhält man auch ohne Brom die Blaufärbung, weil Eisenvitriol meist nicht chemisch rein ist, sondern etwas Ferrisulfat enthält.

Auf der Reaktion dieses Versuches beruht die Fabrikation von Tinte, welche in frischem Zustand als wesentlichste Bestandteile eine an sich zunächst farblose Lösung von Eisenvitriol und Tannin enthält. Um die Schrift schon beim Schreiben sichtbar zu machen, werden Teerfarbstoffe zugesetzt. Das eigentliche Schwarz entsteht erst langsam im Papier durch den Luftsauerstoff, welcher im Prinzip gerade so wirkt wie oben das Brom.

Versuch 77. Reaktionen von Ferrisalz. Man verteile eine Lösung von Ferrichlorid auf Reagensgläser und füge dazu

a) Natronlauge. Es fällt Ferrihydroxyd aus:

$$FeCl_3 + 3\,NaOH = Fe(OH)_3 + 3\,NaCl$$

b) Ammoniaklösung gibt ebenfalls Ferrihydroxyd:

$$FeCl_3 + 3\,NH_4OH = Fe(OH)_3 + 3\,NH_4Cl$$

c) Natriumcarbonat fällt Ferrihydroxyd:

$$2\,FeCl_3 + 3\,Na_2CO_3 = Fe_2(CO_3)_3 + 6\,NaCl$$
$$Fe_2(CO_3)_3 + 3\,H_2O = 2\,Fe(OH)_3 + 3\,CO_2$$

Ferrihydroxyd findet sich als Brauneisenstein, Bohnerz, Minette, Raseneisenstein. Durch Glühen geht Ferrihydroxyd in Ferrioxyd, Fe_2O_3, über:

$$2\,Fe(OH)_3 = Fe_2O_3 + 3H_2O$$

Ferrioxyd kommt als Roteisenerz, Hämatit und Eisenglanz vor; Ferrokarbonat, $FeCO_3$, nennt man als Mineral Eisenspat.

d) Ferrisulfatlösung wird mit überschüssigem Natriumacetat gekocht. Niederschlag von basisch-essigsaurem Eisen:

$$FeCl_3 + 3\,CH_3CO_2Na = Fe(CO_2CH_3)_3 + 3\,NaCl$$
$$Fe(CO_2CH_3)_3 + 2\,H_2O = Fe(OH)_2CO_2CH_3 + 2\,CH_3CO_2H$$

Die Reaktion ist analog der des Versuches 67. Das basische Eisenacetat dient ebenso wie das entsprechende Aluminiumsalz in der Alizarinfärberei als Beize. Der entstehende Farblack ist violett.

Die Hydrolysierbarkeit der Eisensalze, die beim Acetat so deutlich in Erscheinung tritt, macht sich auch am Ferrisulfat und am Ferrichlorid bemerkbar, indem die Lösungen dieser Salze sauer reagieren. Die Hydrolyse wird durch Wasser befördert, durch Säure zurückgedrängt, entsprechend der umkehrbaren Gleichung

$$FeCl_3 + H_2O \rightleftarrows FeCl_2.OH + HCl$$

Das basische Eisensalz ist kolloid gelöst; Lösungen von Ferrichlorid sind darum trübe.

e) Eine Lösung von Rhodankalium (Sulfocyankalium), CNSK, versetze man mit wenig Ferrichloridlösung. Tiefrote Färbung von Ferrirhodanid, $Fe(CNS)_3$:

$$FeCl_3 + 3\,CNSK = 3\,KCl + Fe(CNS)_3$$

Dieses ist eine äußerst scharfe Reaktion auf Ferrisalze. Mit Ferrosalzen tritt sie nicht ein.

f) Ferrichlorid gibt mit Ferrocyankaliumlösung einen Niederschlag von Berlinerblau, $Fe_7(CN)_{18}$:

$$\overset{III}{4\,FeCl_3} + \overset{II}{3\,K_4[Fe(CN)_6]} = \overset{III}{Fe_4}[\overset{II}{Fe}(CN)_6]_3 + 12\,KCl$$

Das Eisen ist in dieser Reaktion teils zwei- teils dreiwertig. Berlinerblau wird als Malerfarbe, ferner im Tapeten- und Zeugdruck angewandt.

g) Mit einer Lösung von Tannin gibt Ferrichlorid oder Ferrisulfat blauschwarzes Ferritannat.

Die beiden letzten Niederschläge werden mit Hilfe von Ferrisulfat als Beize auf Seide erzeugt und geben beim Ausfärben in Blauholzextrakt einen tiefschwarzen Farblack, der waschecht ist und sich in solchen Mengen der Seide einverleiben läßt, daß eine beim Verkauf vorteilhafte Beschwerung der Faser stattfindet.

Versuch 78. Eine Stricknadel wird mit einer Flachzange auf ihre Biegsamkeit geprüft. Dabei zeigt sich, daß das Eisen weich ist. Jetzt glühe man das eine Ende der Nadel und bringe es auf einige Sekunden in etwas gepulvertes Ferrocyankalium, das sich in einem trocknen Reagensrohr befindet, und glühe die Spitze mit der geringen Menge daran haftender Substanz von neuem. Das Ferrocyankalium verkohlt, und ein Teil des Kohlenstoffs löst sich in dem Eisen auf. Die noch glühende Nadel wird in kaltes Wasser getaucht.

Eine erneute Prüfung mit der Flachzange ergibt, daß die Spitze hart und spröde geworden ist. Die Sprödigkeit kann derartig sein, daß das Material beim Zangenversuch wie Glas abspringt; man schütze darum die Augen.

Schmiedbares Eisen, wie das der Stricknadeln, entsteht dadurch aus Roheisen, daß dessen Kohlenstoffgehalt auf 0,04—0,4 % herabgesetzt wird (vgl. die Erläuterung zu Versuch 75). Führt man wieder Kohlenstoff ein, so bildet sich Eisenkarbid, das bei einer Kohlenstoffmenge von 0,5—1,6 % diejenige Härte verursacht, die das Material zu Stahl macht. Die Härte wird durch „Abschrecken“, d. h. durch plötzliches Abkühlen in glühendem Zustand gesteigert, weil dann die Eisenkarbidteilchen in derjenigen feinen Verteilung festgehalten werden, in der sie sich im Lösungszustand befinden, und sie hierdurch dem ganzen Metall ihre Härte mitteilen. Die gleichzeitig auftretende Sprödigkeit kann man durch Wiedererwärmen auf etwa 300° („Anlassen“), wodurch die Karbidteilchen eine andere Lage annehmen, beseitigen.

3. Nickel.

Versuch 79. Ein Stück Nickel wird mit verdünnter Salzsäure oder Schwefelsäure erwärmt. Unter Wasserstoffentwicklung und Abscheidung von etwas Kohlenstoff entsteht eine grüne Nickelsalzlösung:

$$Ni + 2\,HCl = NiCl_2 + 2\,H$$

Nickel wird hauptsächlich durch Verhüttung von neukaledonischem Garnierit, einem Nickelmagnesiumsilikat der Formel $NiO \cdot MgO \cdot SiO_2 \cdot H_2O$, gewonnen. Es ist hart, zäh, an der Luft beständig und hat darum in reinem Zustand sowie zum Legieren mit anderen Metallen Bedeutung. Die wichtigsten Legierungen sind: Nickelmünzen; Nickelstahl (3—6% Ni); Chrom-Nickelstahl; Neusilber (etwa 50% Cu, 20% Ni, 30% Zn); Manganin (für elektrische Widerstände, 84% Cu, 12% Mn, 4% Ni).

Versuch 80. Reaktionen der Nickelsalze. Man verwende dazu die Lösung eines reinen Nickelsalzes, nicht die bei Versuch 79 erhaltene Lösung, da im technischen Nickel andere Metalle enthalten sind, deren Menge zwar gering ist, dennoch aber die analytischen Reaktionen stören.

Eine Lösung von Nickelsulfat, $NiSO_4 \cdot 7H_2O$ versetze man mit:

a) Natronlauge. Es scheidet sich hellgrünes Nickelhydroxyd, $Ni(OH)_2$, aus.

$$NiSO_4 + 2\,NaOH = Ni(OH)_2 + SO_4Na_2$$

b) Auf Zusatz von sehr wenig Ammoniak fällt Nickelhydroxyd aus:

$$NiSO_4 + 2\,NH_4OH = Ni(OH)_2 + SO_4(NH_4)_2$$

Ist aber die Ammoniakmenge etwas größer, so entsteht eine Lösung, die durch das komplexe Jon des Hexamminnickelsulfats blau gefärbt ist:

$$NiSO_4 + 6\,NH_3 = [Ni(NH_3)_6]SO_4$$

c) Mit Schwefelammonium fällt schwarzes Nickelsulfid aus:

$$NiSO_4 + (NH_4)_2S = SO_4(NH_4)_2 + NiS$$

4. Chrom.

Versuch 81. Einige Kristalle Chromalaun, $(SO_4)_2 \cdot CrK \cdot 12H_2O$, werden durch Schütteln mit kaltem Wasser gelöst und zu folgenden Reaktionen benutzt:

a) Ammoniak fällt grünliches Chromihydroxyd:

$$Cr_2(SO_4)_3 + 6\,NH_4OH = 2\,Cr(OH)_3 + 3\,SO_4(NH_4)_2$$

Chromalaun kann ebenso wie der „gewöhnliche" Alaun, $(SO_4)_2AlK \cdot 12H_2O$ als ein Doppelsalz aufgefaßt werden:

$$2\,CrK(SO_4)_2 = Cr_2(SO_4)_3 + K_2SO_4$$

und verhält sich in seinen Reaktionen wie Chromisulfat. Mann kann also das Kaliumsulfat bei den Reaktionsgleichungen vernachlässigen.

b) Bei Zusatz weniger Tropfen Natronlauge fällt ebenfalls Chromihydroxyd aus, durch mehr Natronlauge geht dasselbe als Natriumchromit, $Cr(OH)_2ONa$, in Lösung:

$$Cr_2(SO_4)_3 + 6\,NaOH = 2\,Cr(OH)_3 + 3\,SO_4Na_2$$

$$Cr(OH)_3 + NaOH \rightleftarrows Cr\begin{cases}OH\\OH\\ONa\end{cases} + H_2O$$

Durch Kochen der mit Wasser hinlänglich verdünnten Chromitlösung wird die Reaktion rückläufig, und das Chromihydroxyd fällt wieder aus.

Das Chrom ist in allen diesen Reaktionen dem Aluminium analog. Ein Unterschied besteht nur darin, daß Lösungen von Natriumaluminat beim Kochen kein unlösliches Aluminiumhydroxyd abscheiden.

Die leichte Hydrolysierbarkeit des Natriumchromits gestattet es, Chromhydroxyd aus seiner alkalischen Lösung auf Baumwolle niederzuschlagen, welche dadurch gebeizt wird. Diese Methode ist auf die Baumwollfärberei beschränkt, weil Wolle und Seide durch die Natronlauge leiden würden.

c) Durch Sodalösung fällt Chromihydroxyd aus, da Chromkarbonat in Wasser nicht beständig ist:

$$Cr_2(SO_4)_3 + 3\,CO_3Na_2 = Cr_2(CO_3)_3 + 3\,SO_4Na_2$$
$$Cr_2(CO_3)_3 + 3\,H_2O = 2\,Cr(OH)_3 + 3\,CO_2$$

d) Mit Schwefelammonium entsteht ebenfalls Chromihydroxyd:

$$Cr_2(SO_4)_3 + 3\,(NH_4)_2S = Cr_2S_3 + 3\,SO_4(NH_4)_2$$
$$Cr_2S_3 + 6\,H_2O = 2\,Cr(OH)_3 + 3\,SH_2$$

Vgl. die entsprechenden Reaktionen bei Versuch 62 b und c.

Versuch 82. Etwa 0,5 g käufliches Chromioxyd, Cr_2O_3, werden in einem Porzellantiegel mit 2 g Kaliumkarbonat und 2 g Kaliumnitrat gemischt, zur Vertreibung etwaiger Feuchtigkeit über dem Bunsenbrenner erhitzt und dann mit der Gebläseflamme solange geglüht, bis die Schmelze gelb geworden ist, was nach etwa einer Minute eintritt. Dabei entsteht durch Oxydation des Chromoxydes Kaliumchromat, CrO_4K_2 (chromsaures Kalium):

$$Cr_2O_3 + 3\,NO_3K + 2\,CO_3K_2 = 2\,CrO_4K_2 + 3\,NO_2K + 2\,CO_2$$

oder: $$3\,NO_3K = 3\,NO_2K + 3\,O$$

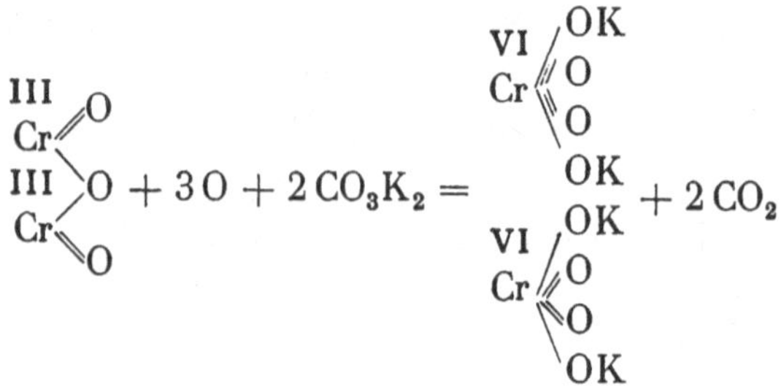

Das dreiwertige Chrom, welches im Chromoxyd dem Eisen im Eisenoxyd, Fe_2O_3, und dem Aluminium im Aluminiumoxyd, Al_2O_3, ähnelt, wird also durch Sauerstoffaufnahme sechswertig und ist dann ebenso wie der sechswertige Schwefel (vgl. SO_4K_2) säure- und salzbildend.

Zum Nachweis des entstandenen chromsauren Kaliums lauge man den Inhalt des Tiegels mit ein wenig Wasser aus und entferne etwa noch vorhandenes Chromoxyd durch Filtration. Wird dann das Filtrat mit Essigsäure angesäuert und mit Baryumchlorid versetzt, so scheidet sich gelbes Baryumchromat aus:

$$CrO_4K_2 + BaCl_2 = CrO_4Ba + 2\,KCl$$

Das technische Material zur Darstellung von Kalium- und Natriumchromat ist Chromeisenstein, $Cr_2O_3 . FeO$, der durch Glühen mit Kalk und Alkalikarbonat bei Gegenwart von Luft aufgeschlossen wird, wobei im Prinzip dieselbe Reaktion stattfindet wie bei Versuch 82.

Durch Glühen von Chromeisenstein mit Koks wird „Ferrochrom", eine Legierung von Eisen mit Chrom, erhalten, die zur Herstellung des durch besondere Härte ausgezeichneten Chromstahls dient.

Versuch 83. Eine Lösung von Kaliumchromat (oder Natriumchromat), welche gelb ist, versetze man mit verd. Schwefelsäure. Die Farbe wird orangerot, indem Kaliumbichromat entsteht:

$$2\,CrO_4K_2 + SO_4H_2 = Cr_2O_7K_2 + SO_4K_2 + H_2O$$

oder:

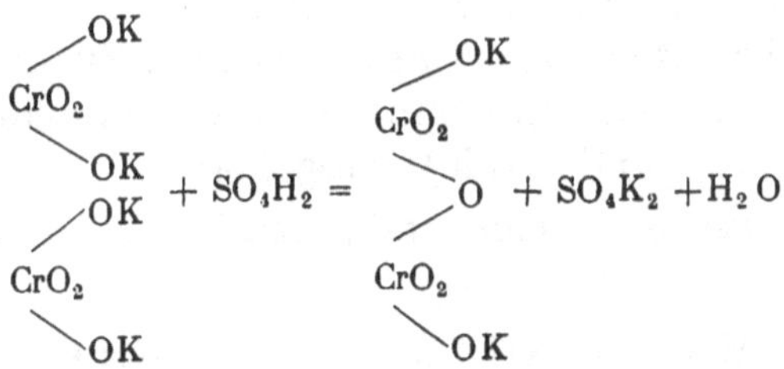

Kaliumbichromat kristallisiert bei der Herstellung leichter aus als Kalium- oder Natriumchromat und wird darum vielfach bevorzugt. In seinen Reaktionen unterscheidet es sich nicht von den Chromaten.

Versuch 84. 3 g Kaliumbichromat werden in 100 ccm Wasser gelöst, dem man außerdem etwa 0,5 ccm konz. Schwefelsäure zusetzt. 5 ccm der Lösung füge man zu 145 ccm Wasser und digeriere darin 5 g Wollgarn $^3/_4$ Stunde lang bei etwa 100°, indem man das Gefäß ins siedende Wasserbad stellt. Hierbei erscheint die Faser zunächst gelb. Nach einiger Zeit und besonders rasch am Licht wird sie grün, indem die Chromsäure durch die Fasersubstanz zu Chromhydroxyd reduziert wird, welches fest anhaftet. Man befreie die Wolle in fließendem Wasser von den nicht fixierten Anteilen der Chromverbindungen und färbe sie dann $^3/_4$ Stunde bei Siedehitze in 130 ccm Wasser und 20 ccm einprozentiger Alizarinsuspension (vgl. Versuch 67). Es entsteht ein bordeauxfarbener Alizarin-Chromlack.

Kaliumbichromat dient zum Beizen von Wolle, weil die beim Färben entstehenden Lacke hervorragend echt sind. —

Chromhydroxyd läßt sich auf Häuten niederschlagen. Darin besteht eine wichtige Art der Gerbung (Herstellen von Leder).

5. Mangan.

Versuch 85. Ein Stück Mangan wird mit verdünnter Salzsäure erwärmt. Das Metall löst sich unter lebhafter Entwicklung von Wasserstoff:

$$Mn + 2\,HCl = MnCl_2 + 2\,H$$

Die Lösung enthält außerdem etwas Eisen. Die für Mangan charakteristischen Reaktionen werden daher nicht mit der so gewonnenen Lösung, sondern mit reinem Manganochlorid, $MnCl_2 \cdot 4\,H_2O$ ausgeführt:

a) Schwefelammonium fällt rosafarbenes Manganosulfid aus:

$$MnCl_2 + (NH_4)_2S = MnS + 2\,NH_4Cl$$

b) Natronlauge fällt Manganohydroxyd:

$$MnCl_2 + 2\,NaOH = Mn(OH)_2 + 2\,NaCl$$

Der Niederschlag ist anfangs weiß und wird bei Luftzutritt braun, wobei das Mangan in Form von manganiger Säure, MnO_3H_2, vierwertig wird:

$$\overset{II}{Mn}(OH)_2 + O = \overset{IV}{Mn}O\begin{matrix} \diagup OH \\ \diagdown OH \end{matrix}$$

c) Manganochlorid wird mit Natronlauge gefällt und dann mit ein wenig Bromwasser versetzt. Unter der Einwirkung des entstehenden unterbromigsauren Natriums, NaOBr, geht das Manganohydroxyd rascher und vollkommener als bei Versuch b in manganige Säure über:

$$2\,NaOH + Br_2 = NaOBr + NaBr + H_2O$$
$$Mn(OH)_2 + NaOBr = MnO_3H_2 + NaBr$$

Das bei diesen Versuchen verwendete Manganochlorid entsteht bei der Umsetzung von Braunstein mit Salzsäure unter Entwicklung von Chlor, wie bei Versuch 5 gezeigt wurde.

Versuch 86. Ein Strang Baumwollgarn (Gewicht etwa 2 g) wird mit einer Lösung von 2 g Manganochlorid in

40 ccm Wasser durchtränkt, ausgewrungen, so daß der Überschuß an Flüssigkeit abfließt, und dann im Trockenkasten bei 100° vollkommen getrocknet; hierbei lagert sich das Salz in den feinsten Hohlräumen der Faser ab. Man tauche den Strang sodann auf einige Sekunden in Natronlauge, die durch Verdünnen der etwa 10-prozentigen Laboratoriumslauge mit neun Teilen Wasser hergestellt wird, und oxydiere das in der Faser entstandene Manganohydroxyd durch kurzes Eintauchen in ein Becherglas mit siedendem Wasser, das einige Gramm Chlorkalk enthält, zu manganiger Säure (siehe die Reaktionsgleichungen entsprechend denen bei Versuch 85a, b und c). Beim Auswaschen der Faser in Wasser zeigt sich, daß die manganige Säure vollkommen fixiert ist.

Das so hergestellte *Manganbister* ist einer der wenigen anorganischen Farbstoffe, die in der Färberei eine Rolle spielen.

Versuch 87. In einem kleinen Porzellantiegel mische man etwa 1 g wasserfreies Natrium- oder Kaliumcarbonat mit 0,5 g Kaliumnitrat und einer kleinen Menge, etwa 0,1 g, *Braunstein*, MnO_2, und glühe die Mischung so lange in der Gebläseflamme, bis die Schmelze ruhig und ohne Gasentwicklung fließt. Die Masse ist beim Erkalten tiefgrün.

Die Reaktion beruht auf der Abgabe von Sauerstoff durch den Salpeter und der Oxydation des Mangandioxydes zu grünem *Kaliummanganat*, MnO_4K_2. Das Mangan wird dabei *sechswertig*:

$$\overset{IV}{Mn}\begin{matrix}\diagup O\\ \diagdown O\end{matrix} + KNO_3 + K_2CO_3 = \overset{IV}{Mn}O_2\begin{matrix}\diagup OK\\ \diagdown OK\end{matrix} + KNO_2 + CO_2$$

Man lauge die Masse nach dem Erkalten mit wenig Wasser aus, gieße die Lösung in ein Becherglas und versetze langsam mit Essigsäure, bis die rote Farbe des *Kaliumpermanganates*, MnO_4K, auftritt.

Die Reaktion beruht darauf, daß ein Teil des Alkalis durch Wasserstoff ersetzt wird, und dann ein Molekül zwei andere oxydiert:

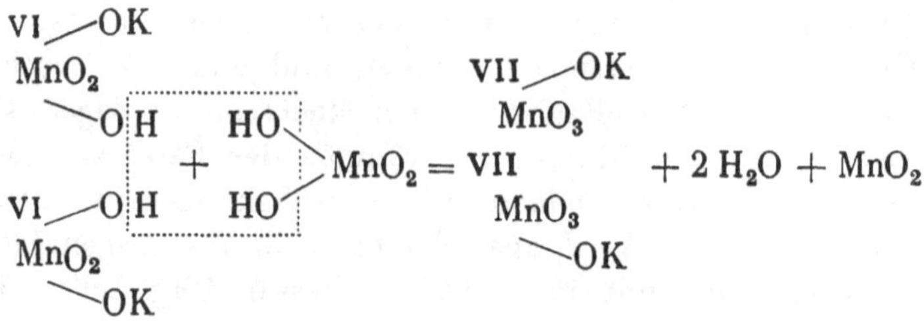

Versuch 88. Etwa 1 g Kaliumpermanganat wird in 50 ccm Wasser gelöst und nach Zugabe von 5 ccm konzentrierter Schwefelsäure tropfenweise mit käuflicher, dreiprozentiger Wasserstoffsuperoxydlösung versetzt. Jeder Tropfen verursacht Sauerstoffentwicklung und Entfärbung des Permanganates, so daß dessen Farbe bei Zusatz von etwa 15 ccm ganz verschwindet, indem Reduktion zu Manganosulfat eintritt:

$$
\begin{array}{l}
2\,MnO_4K + SO_4H_2 = 2\,MnO_4H + SO_4K_2 \\
2\,MnO_4H + 5\,H_2O_2 = 2\,MnO + 6\,H_2O + 10\,O \\
\underline{2\,MnO + 2\,SO_4H_2 = 2\,SO_4Mn + 2\,H_2O} \\
2\,MnO_4K + 3\,SO_4H_2 + 5\,H_2O_2 = 2\,SO_4Mn \\
\qquad + SO_4K_2 + 8\,H_2O + 10\,O
\end{array}
$$

Das Wasserstoffsuperoxyd wirkt nicht wie bei vielen anderen Reaktionen oxydierend, sondern reduzierend. Es zerfällt in 10 Atome Sauerstoff und 10 Atome Wasserstoff, welch letztere die Übermangansäure zur Manganostufe reduzieren.

6. Kupfer.

Versuch 89. 5 g Kupferkies, $Cu_2S \,.\, Fe_2S_3$, werden fein gepulvert mit 50 ccm Königswasser (1 Raumteil konz. Salpetersäure + 3 Raumteile konz. Salzsäure) erwärmt, wobei die metallischen Anteile des Minerals durch das aus den Säuren entwickelte Chlor in Lösung gehen:

$$Cu_2S \,.\, Fe_2S_3 + 10\,Cl = 2\,CuCl_2 + 2\,FeCl_3 + 4\,S.$$

Außerdem lösen sich die vielfach vorhandenen Beimengungen

von Zink- und Bleierz unter Bildung von Zink- und Bleichlorid. Ungelöst bleiben die „Gangart", die meist aus Quarz besteht, und ein Teil des Schwefels. Ein anderer wird zu Schwefelsäure oxydiert.

Nachdem die Einwirkung des Königswassers beendet ist, werden die entstandenen Chloride durch Erwärmen der Mischung mit 10 ccm konz. Schwefelsäure in die Sulfate verwandelt, da hierdurch das Blei als Sulfat ausfällt:

$$CuCl_2 + SO_4H_2 = CuSO_4 + 2\,HCl$$
$$2\,FeCl_3 + 3\,SO_4H_2 = Fe_2(SO_4)_3 + 6\,HCl.$$
$$PbCl_2 + SO_4H_2 = PbSO_4 + 2HCl$$
$$ZnCl_2 + SO_4H_2 = ZnSO_4 + 2HCl.$$

Man kocht zur Austreibung des Chlorwasserstoffs, verdünnt dann mit 50 ccm Wasser und filtriert. Im Rückstand bleiben Bleisulfat, Gangart und Schwefel, im Filtrat befinden sich die Sulfate des Kupfers, Eisens und Zinks. Um das Kupfer abzuscheiden, fügt man noch 5 ccm Schwefelsäure hinzu und legt darauf zwei große eiserne Nägel oder einige Stücke Eisendraht in die Lösung hinein. Beim Erwärmen findet folgende Reaktion statt:

$$SO_4Cu + Fe = Cu + SO_4Fe$$

oder:

$$Cu^{\cdot\cdot} + Fe = Cu + Fe^{\cdot\cdot}$$

Die Schwefelsäure hat den Zweck, das Eisen in Lösung zu halten, anderenfalls könnte durch Hydrolyse Eisenhydroxyd entstehen. Nach einiger Zeit ist das Eisen verschwunden, und das Kupfer als das edelste der anwesenden Metalle als rote schwammige Masse ausgefällt. Ein scharfes analytisches Kennzeichen dafür, daß tatsächlich Kupfer vorliegt, erhält man folgendermaßen:

Das Kupfer wird durch Filtrieren von der Lösung des Eisens und etwa vorhandenen Zinkes getrennt. Man nehme mit dem Glasstab ein Körnchen vom Filter, löse es in warmer verdünnter Salpetersäure zu Kupfernitrat:

$$3\,Cu + 2\,NO_3H = 3\,CuO + 2\,NO + H_2O$$
$$3\,CuO + 6\,NO_3H = 3\,Cu(NO_3)_2 + 3\,H_2O$$

und übersättige mit Ammoniak. Zuerst fällt basisches Kupfernitrat aus:

$$Cu(NO_3)_2 + NH_4OH = Cu(OH).NO_3 + NO_3NH_4,$$

das aber sofort mit tiefblauer Farbe als komplexes Tetrammincuprinitrat in Lösung geht:

$$Cu(OH).NO_3 + NO_3NH_4 + 3\,NH_3 = [Cu(NH_3)_4](NO_3)_2 + H_2O.$$

Kupfer kommt gediegen vor, außerdem in Form zahlreicher Erze, von denen der Kupferkies das wichtigste ist. Die übliche Methode der handelsanalytischen Bewertung des letzteren ist obigem Versuch zugrunde gelegt; derselbe gibt auch insofern die Hüttenpraxis wieder, als man aus manchen Kupfererzen durch Oxydation an der Luft Kupfersulfat entstehen läßt, dieses auslaugt und mit Eisen auf Kupfer verarbeitet.

Versuch 90. Man übergieße etwa 8 g feinpulvriges Kupferoxyd, CuO, mit 10 ccm Wasser und 10 ccm konz. Schwefelsäure, worauf unter starker Erwärmung Lösung zu weißem Kupfersulfat, $CuSO_4$, stattfindet:

$$CuO + H_2SO_4 = CuSO_4 + H_2O$$

Darauf wird unter Zusatz von 20 ccm Wasser einige Minuten gekocht und umgerührt und dann filtriert. Das weiße Salz nimmt unter Aufnahme von Kristallwasser eine blaue Farbe an und scheidet sich beim Erkalten als Kupfervitriol, $CuSO_4 . 5H_2O$, aus. Die Kristalle werden von der Mutterlauge abgetrennt und auf Fließpapier getrocknet.

Man braucht Kupfervitriol hauptsächlich zur galvanoplastischen Abscheidung von Kupfer, zur Bekämpfung von Parasiten in der Landwirtschaft, zur Herstellung von Schweinfurter Grün (essig-arsensaures Kupfer).

Versuch 91. Mit einer Lösung von Kupfervitriol stelle man folgende Reaktionen an:

a) Mit Natronlauge fällt blaues Cuprihydroxyd, $Cu(OH)_2$, aus:

$$CuSO_4 + 2\,NaOH = Cu(OH)_2 + SO_4Na_2$$

beim Erwärmen färbt sich der Niederschlag unter Wasserabspaltung braunschwarz. Der Vorgang entspricht im wesentlichen der Gleichung

$$Cu(OH)_2 = CuO + H_2O$$

b) Ferrocyankalium erzeugt schon bei Gegenwart von sehr wenig Kupfersalz eine braune Färbung durch Bildung von Cupriferrocyanid:

$$2\,CuSO_4 + K_4[Fe(CN)_6] = Cu_2[Fe(CN)_6] + 2\,SO_4K_2$$

mit mehr Kupfersalz entsteht ein Niederschlag. Die Reaktion ist äußerst empfindlich.

c) Weinsäure wird gepulvert und in so viel Natronlauge gelöst, daß die alkalische Reaktion vorwaltet. Auf Zusatz von Kupfervitriollösung entsteht im ersten Moment ein Niederschlag von Cuprihydroxyd, der aber alsbald mit der tiefblauen Farbe des komplexen cupriweinsauren Natriums, $Na_4[(C_4H_2O_6Na)_2Cu]$, in Lösung geht:

Man erwärme diese „Fehlingsche Lösung" mit ein wenig Stärkezucker (Traubenzucker, Glukose, $C_6H_{12}O_6$). Der Zucker wirkt reduzierend und scheidet zuerst gelbes Cuprohydroxyd CuOH, dann rotes Cuprooxyd (Kupferoxdul, Cu_2O) aus. Eine Reaktionsgleichung läßt sich nicht aufstellen, da der Zucker zu einem wechselnden Gemisch verschiedener Säuren oxydiert wird.

Die Reaktion gestattet die Erkennung von Zucker im Harn und ist darum für die ärztliche Praxis wesentlich.

Cuprooxyd kommt als Rotkupfererz vor.

d) Eine Lösung von Kupfervitriol wird mit einer Lösung von Kaliumjodid versetzt. Es fällt ein Gemisch von Cuprojodid, CuJ, und Jod aus:

$$CuSO_4 + 2\,JK = CuJ + J + K_2SO_4$$

Durch Zugabe von wäßriger schwefliger Säure wird das Jod als Jodwasserstoff gebunden:

$$H_2SO_3 + 2\,J + H_2O = H_2SO_4 + 2\,JH$$

so daß das reine weiße Cuprojodid zum Vorschein kommt.

Versuch 92. Analyse von Messing. 1 g Messingdraht wird durch Erwärmen mit 10 ccm Salpetersäure vom spez. Gew. 1,2 auf dem Wasserbad unter dem Abzug gelöst.

Messing ist eine Legierung von 60—80% Kupfer und 40—20% Zink und mitunter kleinen Mengen anderer Metalle (Zinn, Eisen, Blei, Nickel). Es ist leichter gießbar und billiger als reines Kupfer.

Durch die Salpetersäure bilden sich Nitrate: (s. für Kupfer die Gleichungen bei Versuch 89).

Und analog:

$$3\,Zn + 8\,NO_3H = 3\,Zn(NO_3)_2 + 4\,H_2O + 2\,NO$$

Das Gemisch der Nitrate wird durch Erwärmen mit 3 ccm Wasser und 2 ccm konz. Schwefelsäure in die Sulfate übergeführt:

$$Cu(NO_3)_2 + SO_4H_2 = CuSO_4 + 2\,NO_3H$$
$$Zn(NO_3)_2 + SO_4H_2 = ZnSO_4 + 2\,NO_3H$$

Man dampft bis zu vollkommener Verjagung der Salpetersäure zur Trockne, löst den Rückstand in etwa 30 ccm Wasser und leitet durch ein rechtwinklig gebogenes Glasrohr Schwefelwasserstoff ein, der im Kippschen Apparat aus Schwefeleisen und kalter verdünnter Schwefelsäure (100 Raumteile Wasser mit 10 bis 15 Raumteilen konz. Schwefelsäure) entwickelt wird.

Die vorherige Austreibung der Salpetersäure ist notwendig, da sie den Schwefelwasserstoff oxydieren würde.

Durch den Schwefelwasserstoff wird schwarzes Schwefelkupfer, CuS (Kupfersulfid) gefällt:

$$CuSO_4 + H_2S = CuS + H_2SO_4$$

während das Zink in Lösung bleibt. Der Niederschlag entsteht schon in der Kälte; indessen empfiehlt es sich, die Lösung vor dem Fällen zu erhitzen, da dann der Niederschlag grobkörnig ausfällt und sich rascher abfiltrieren läßt.

Die vollkommene Abscheidung des Kupfersulfids wird durch Umschütteln beschleunigt. Nach etwa 5 Minuten filtriere man eine Probe in ein Reagensglas und prüfe das Filtrat mit Schwefelwasserstoff. Bleibt dasselbe klar, so kann das Ganze filtriert werden, anderen Falles muß mit dem Einleiten des Gases fortgefahren werden, bis vollständige

Fällung erreicht ist. Sodann filtriere man, erwärme das Filtrat einige Minuten auf dem Wasserbad, wobei noch kleine Mengen Sulfid ausfallen können, entferne auch diese und weise dann in dem Filtrat das Zink mit Natriumkarbonat nach.

Diese Methode zeigt das verschiedene Verhalten zweier Schwermetallsulfide gegen Salzsäure. Schwefelzink ist darin löslich und fällt darum in saurer Lösung nicht aus; Schwefelkupfer ist unlöslich, und das Kupfer läßt sich dadurch vom Zink trennen. In gleicher Weise unterscheiden sich auch die Sulfide anderer Schwermetalle voneinander:

In salzsaurer Lösung fallen aus die Sulfide von:	In salzsaurer Lösung fallen nicht aus die Sulfide von:
Quecksilber	Nickel
Silber	Kobalt
Blei	Eisen
Kupfer	Mangan
Wismut	Zink
Kadmium	Aluminium
Arsen	Chrom
Antimon	
Zinn	

Beim Untersuchen von Erzen und Metallen ist das Einleiten von Schwefelwasserstoff in die saure Lösung der Substanz meist eine der ersten analytischen Operationen, bei der dann die löslichen Sulfide von den unlöslichen durch Filtration getrennt werden. Rückstand und Filtrat verarbeitet man weiter nach besonderen Methoden.

7. Quecksilber.

Versuch 93. In einem Glührohr mischt man eine kleine Menge gepulverten Zinnober (Quecksilbersulfid, HgS) mit etwa der gleichen Menge Eisenfeilspänen. Beim Glühen entweicht Quecksilber, das sich an der oberen, kalten Gefäßwandung als grauer Beschlag niederschlägt:

$$HgS + Fe = Hg + FeS$$

Durch Reiben mit einem zusammengerollten dünnen Streifen Filtrierpapier kann man die feinen Tröpfchen des Beschlages zu einem größeren, glänzenden Tropfen vereinigen.

Reste von Quecksilber und Quecksilberverbindungen dürfen nicht durch die Ausgüsse des Laboratoriums entfernt werden, da hierdurch die Bleileitungen leiden. Man bediene sich hierbei der Abfalleimer.

Zinnober ist das wichtigste Quecksilbererz. Man verwendet das Metall zur Extraktion von Gold und Silber aus dem Gestein (Amalgamationsverfahren), bei wissenschaftlichen Apparaten, zur Darstellung von künstlichem Zinnober (hochrotes Pigment), von Knallquecksilber (für Zündhütchen), und von pharmazeutischen Präparaten.

Versuch 94. Etwa gleiche Teile Mercurisulfat, $HgSO_4$, und Natriumchlorid werden im Mörser gemischt und dann in einem schwer schmelzbaren Rohr geglüht. Es entsteht Mercurichlorid, $HgCl_2$:

$$HgSO_4 + 2\,NaCl = HgCl_2 + SO_4Na_2$$

Die Substanz wird Sublimat genannt, weil sie die Eigenschaft hat, zu sublimieren, d. h. beim Erhitzen in den dampfförmigen und dann beim Abkühlen, ohne vorher flüssig zu werden, in den festen Zustand überzugehen. Das Sublimat setzt sich in glänzenden Kriställchen an der oberen Glaswandung an. Sollten weiße Nebel aus dem Rohr entweichen, so hüte man sich, sie einzuatmen, da sie giftig sind.

Nach dem Erkalten des Rohres wird das Sublimat herausgekratzt und zu Versuch 95 verwendet.

Versuch 95. Das beim vorigen Versuch erhaltene Sublimat wird mit wenig Wasser verrührt. Es löst sich nur langsam und teilweise. Man füge etwa die doppelte Menge Kochsalz hinzu. Es erfolgt Lösung unter Bildung des Natriumsalzes der komplexen Mercurichlorwasserstoffsäure $[HgCl_4]H_2$:

$$HgCl_2 + 2\,NaCl = [HgCl_4]Na_2$$

Sublimat ist ein wichtiges Desinficiens. Da sich Quecksilber nicht in Salzsäure löst, ist man genötigt, die Substanz auf dem Umwege des Versuches 94 herzustellen.

Das Mercurisulfat entsteht aus Quecksilber und konz. Schwefelsäure. Mercurichlorid löst sich nicht leicht in kaltem Wasser (in 100 Teilen Wasser bei 20° 7,4 Teile Sublimat), dagegen lösen 100 Teile

10%ige Kochsalzlösung bei 15° 58 g Mercurichlorid als Mercurichlorwasserstoffsaures Natrium, welches deshalb zur Herstellung der Sublimatpastillen verwendet wird.

Versuch 96. Mercurichlorid wird in Wasser gelöst und zu den folgenden Reaktionen benutzt:

a) Natronlauge fällt gelbes Mercurioxyd, HgO:

$$HgCl_2 + 2\,NaOH = Hg(OH)_2 + 2\,NaCl$$
$$Hg(OH)_2 = HgO + H_2O$$

b) Mit Ammoniak entsteht weißes Aminomercurichlorid, $HgNH_2Cl$:

$$Hg\langle{}^{Cl}_{Cl} + NH_3 = Hg\langle{}^{NH_2}_{Cl} + HCl$$

Dieser Niederschlag ist in der „weißen Quecksilbersalbe“ enthalten.

c) Mit wenig Jodkaliumlösung fällt rotes Mercurijodid, HgJ_2, aus:

$$HgCl_2 + 2\,JK = HgJ_2 + 2\,KCl$$

das sich bei weiterem Jodkaliumzusatz zu komplexem Quecksilberkaliumjodid löst:

$$HgJ_2 + 2\,JK = [HgJ_4]K_2$$

Die komplexe Natur des Quecksilber enthaltenden Jons äußert sich darin, daß mit Natronlauge kein Mercurioxyd ausfällt. Die alkalische Lösung ist Nesslers Reagens (vgl. Versuch 33).

d) Schwefelwasserstoff scheidet zunächst eine weiße Verbindung, $HgCl_2 . 2HgS$ aus, die bei weiterem Einleiten des Gases in schwarzes Mercurisulfid übergeht:

$$HgCl_2 + H_2S = HgS + 2\,HCl.$$

Die Farbe des so erhaltenen Sulfides ist also eine andere als die des entsprechenden Minerals.

e) Wird ein blankes Stück Kupfer in die Lösung von Mercurichlorid gebracht, so überzieht es sich mit metallischem Quecksilber:

$$HgCl_2 + Cu = Hg + CuCl_2$$

oder

$$Hg^{\cdot\cdot} + Cu = Hg + Cu^{\cdot\cdot}$$

Beim Reiben der mit Quecksilber bedeckten Fläche bildet sich spiegelndes Amalgam.

Die Legierungen des Quecksilbers mit anderen Metallen nennt man allgemein Amalgame. Beim Durchmischen von gepulvertem gold- oder silberhaltigem Gestein mit Quecksilber und mit Wasser sinken die Amalgame zu Boden, während das leichtere Gesteinspulver weggeschwemmt wird. Das Quecksilber läßt sich dann durch Destillation entfernen, während das Edelmetall zurückbleibt.

Versuch 97. Eine Lösung von Mercuronitrat, NO_3Hg versetze man

a) mit Natronlauge. Niederschlag von Mercurooxyd, Hg_2O, welches leicht zerfällt:

$$2\,HgNO_3 + 2\,NaOH = Hg_2O + 2\,NO_3Na + H_2O$$
$$Hg_2O = HgO + Hg$$

f) Salzsäure scheidet weißes Mercurochlorid aus:

$$HgNO_3 + HCl = HgCl + HNO_3$$

Mercurochlorid wird durch Übergießen mit Ammoniak schwarz, indem es in fein verteiltes und darum schwarz erscheinendes Quecksilber und Aminomercurichlorid zerfällt:

Man kann sich diesen Vorgang folgendermaßen vorstellen:

$$2\,HgCl + NH_3 = Hg + Hg\langle{}^{Cl}_{NH_2} + HCl$$

wahrscheinlich aber verläuft er etwas weniger einfach:

$$4\,HgCl + 4\,NH_4OH = O\langle{}^{HgCl}_{HgNH_2} + 2\,Hg + 3\,NH_4Cl + 3\,H_2O.$$

Mercurochlorid wird wegen des Schwarzwerdens bei dieser Reaktion nach dem Griechischen Kalomel genannt. Es ist ein wichtiges Heilmittel.

Versuch 98. Eine kleine Menge Uspulun wird mit etwa dem dreifachen der gleichen Menge wasserfreier Soda im Glasröhrchen geglüht. Es entweicht Quecksilber, das als schwarzer Beschlag sichtbar wird.

In allen Quecksilberverbindungen läßt sich auf diese Weise das Metall nachweisen.

Uspulun ist eine organische komplexe Quecksilberverbindung. Es dient als „Saatbeize", d. h. zur Abtötung parasitärer Pilze, welche den Weizen befallen.

8. Silber und Gold.

Versuch 99. Darstellung von Silbernitrat aus einer Silber-Kupferlegierung. Ein Stück einer Silbermünze wird in einem Porzellantiegel mit soviel konz. Salpetersäure übergossen, daß der Tiegel höchstens zur Hälfte gefüllt ist. Beim Erwärmen auf dem Wasserbad (unter dem Abzug) entsteht ein Gemisch von Silbernitrat und Kupfernitrat. Man kann sich die Reaktion in zwei Phasen vorstellen; die Metalle werden zuerst oxydiert und dann gelöst (vgl. für Kupfer bei Versuch 89):

$$6\,Ag + NO_3H = 3\,Ag_2O + 2\,NO + H_2O$$
$$Ag_2O + 2\,NO_3H = 2\,NO_3Ag + H_2O$$
$$3\,Cu + 8\,NO_3H = 3\,Cu(NO_3)_2 + 2\,NO + 4\,H_2O$$

Sollte nicht alles Metall gelöst worden sein, so wird noch ein wenig Salpetersäure hinzugefügt. Sodann dampfe man die Lösung zur Trockne und glühe den Tiegel gelinde auf einem Tondreieck. Beim Glühen wird zuerst der Rand des Tiegels mit der Flamme bestrichen, so daß die Hitze allmählich von oben nach dem Boden zu strahlt, und das noch vorhandene Wasser langsam entweicht. Wird dagegen von vorne herein der Tiegelboden geglüht, so verflüchtigt sich das Wasser unter heftigem Spritzen. Erst wenn der Tiegelinhalt vollkommen von Wasser befreit ist, kann die Flamme von unten her genähert werden, was indessen auch vorsichtig und durch Hin- und Herfahren zu geschehen hat, so daß eben Dunkelrotglut, nicht Hellrotglut erreicht wird. Unter diesen Umständen wird das Kupfernitrat in Oxyd verwandelt

$$Cu(NO_3)_2 = CuO + O + 2\,NO_2$$

während das Silbernitrat zwar schmilzt, nicht aber zersetzt

wird. Der Zerfall des Kupfernitrats ist am Auftreten des schwarzen Kupferoxyds und an der Entwicklung von braunem Stickstoffdioxyd kenntlich. Sobald dieser Vorgang abgelaufen ist, was nach beginnender Schwärzung der Masse nur wenige Sekunden dauert, wird die Flamme entfernt, weil bei längerem Glühen auch das Silbernitrat zerfallen kann.

Aus dem erkalteten Tiegel wird das Silbernitrat mit destilliertem Wasser ausgelaugt. Man filtriere in ein Reagensglas vom Kupferoxyd ab und benutze die erhaltene Lösung zu den Reaktionen von Versuch 100.

Silber kommt in gediegenem Zustand und in einer großen Reihe von Erzen vor, vielfach in Verbindung mit Blei, Kupfer, Gold und anderen Metallen. Am wichtigsten ist das im Bleiglanz enthaltene Silber, das bei der Aufarbeitung in dem Blei bleibt und aus ihm gewonnen wird, indem man das Blei in Bleioxyd überführt. Hierbei scheidet sich das Silber unoxydiert ab, da es als Edelmetall vom Sauerstoff nicht angegriffen wird.

Silbermünzen und Silberwaren werden unter Zusatz von meist 10 Prozent Kupfer hergestellt. Silber allein würde zu weich sein.

Die wichtigste Silberverbindung ist das Silbernitrat (Höllenstein). Es wird nach der Methode von Versuch 99 dargestellt, da dem Silber meist vom Erz her etwas Kupfer anhaftet. Höllenstein findet in der Medizin und in der Photographie Anwendung.

Versuch 100. Man führe mit der Lösung von Silbernitrat in Wasser folgende Reaktionen aus:

a) verd. Salzsäure gibt einen Niederschlag von Chlorsilber:

$$AgNO_3 + HCl = AgCl + NO_3H$$

Chlorsilber löst sich in Ammoniak zu komplexem Diammin-silber-chlorid:

$$AgCl + 2\,NH_3 = [Ag(NH_3)_2]Cl$$

b) Mit Natronlauge entsteht ein Niederschlag von braunem Silberoxyd, Ag_2O:

$$2\,AgNO_3 + 2\,NaOH = Ag(OH)_2 + 2\,NO_3Na$$
$$Ag(OH)_2 = Ag_2O + H_2O$$

c) Beim Einleiten von Schwefelwasserstoff entsteht schwarzes Silbersulfid, Ag_2S:

$$2\,AgNO_3 + H_2S = Ag_2S + 2\,NO_3H$$

Versuch 101. Etwa acht Stück Blattgold, im Gesamtgewicht von ungefähr 0,04 g, werden mit etwa 0,25 g Cyankalium in eine Schale gebracht und dort mit 50 ccm Wasser bis zur Lösung des Cyankaliums verrührt. Man gieße darauf das Ganze in eine „Gaswaschflasche" und sauge einen kräftigen Luftstrom hindurch. Das Gold löst sich in etwa 10 Minuten vollkommen zu komplexem Kaliumaurocyanid:

$$2\,Au + 4\,KCN + 2\,H_2O + O_2 = 2\,[Au(CN)_2]K + 2KOH + H_2O_2$$

oder:

$$\begin{array}{l} Au + \begin{array}{l} CN\,K \\ CN\,K \end{array} \\ \hline Au + \begin{array}{l} CN\,K \\ CN\,K \end{array} \end{array} + \frac{H}{OH} + \frac{O}{O} + \overline{H_2O}$$

Unter dem Einfluß des entstandenen Wasserstoffsuperoxyds bildet sich dann weiter Kaliumauricyanid: $[Au(CN)_2]K + 2\,KCN + H_2O_2 = [Au(CN)_4]K + 2\,KOH$.

Auf dieser Methode beruht das zurzeit wichtigste Verfahren zur Extraktion von Gold aus Gesteinsmassen. Dieselben werden vorher zerstampft. Zur Niederschlagung des Goldes aus der Lösung dient das Zink:

Die Lösung des Kaliumgoldcyanides wird mit einigen blanken Zinkstückchen kräftig durchgeschüttelt. Das Zink umzieht sich mit einer matten Goldschicht, während Kaliumzinkcyanid in Lösung geht:

$$2\,K[Au(CN)_2] + Zn = 2\,Au + K_2[Zn(CN)_4].$$

9. Zinn.

Versuch 102. Je etwa 2 g Zinnstein, 2 g Cyankalium und 2 g wasserfreie Soda werden etwa $^1/_4$ Stunde im bedeckten Porzellantiegel zuerst unter dem Abzug über der Bunsenflamme, dann kurze Zeit in der Gebläseflamme geglüht. Vorsicht beim Handhaben des giftigen Cyankaliums! Dieses gibt bei Anwesenheit von Feuchtigkeit etwas Blausäure ab; man hüte sich vor dem Einatmen, etwa auftretender Geruch nach bitteren Mandeln diene als Warnung.

Im Schmelzfluß erscheinen glänzende Metallkügelchen. Man löse die Schmelze nach dem Erkalten in Wasser (nicht in Säure, da hierbei Blausäure auftreten würde); die Zinnkörner kommen zum Vorschein.

Zinnstein wird in der Praxis durch Glühen mit Koks oder Anthrazit verhüttet:

$$SnO_2 + 2\,C = Sn + 2\,CO$$

Bei Laboratoriumsversuchen empfiehlt sich Cyankalium, weil es geschmolzen das Erz durchdringt und darum sehr rasch reduzierend wirkt. Es wird dabei zu cyansaurem Kalium oxydiert:

$$SnO_2 + 2\,KCN = Sn + 2\,KOCN$$

Die Soda verschlackt die Gangart.

Versuch 103. Einige Schnitzel Weißblech (verzinntes Eisen) im Gesamtgewicht von ungefähr 20 g werden mit 25 ccm konz. Salzsäure erwärmt, bis die blanke Zinnschicht verschwunden ist, und das graue Eisenblech zum Vorschein kommt, was nach einigen Minuten eintritt. Das Zinn löst sich dabei als Stannochlorid $SnCl_2$:

$$Sn + 2\,HCl = SnCl_2 + 2\,H$$

Die Lösung wird abgegossen und mit einer Lösung von Mercurichlorid versetzt. Es entsteht ein weißer Niederschlag von Mercurochlorid und beim Erwärmen graues Quecksilber. Das Stannochlorid wird zu Stannichlorid, $SnCl_4$, oxydiert:

$$SnCl_2 + 2\,HgCl_2 = SnCl_4 + 2\,HgCl$$
$$SnCl_2 + 2\,HgCl = SnCl_4 + 2\,Hg$$

Zinn nähert sich in seiner Widerstandsfähigkeit gegen Wasser und Luft den Edelmetallen, weshalb man Eisen durch Eintauchen in geschmolzenes Zinn damit überzieht. Dieses Zinnblech dient hauptsächlich zur Herstellung von Konservenbüchsen.

Legierungen von Kupfer und Zinn nennt man Bronzen. Das Zinn erleichtert die Gießbarkeit und erhöht die Härte.

Versuch 104. Stannochlorid wird in Wasser und wenig verd. Salzsäure gelöst.

a) Beim Einleiten von Schwefelwasserstoff fällt Stannosulfid aus:

$$SnCl_2 + H_2S = SnS + 2\,HCl.$$

b) Natronlauge scheidet weißes Stannohydroxyd aus, welches sich im Überschuß von Natronlauge zu Natriumstannit, $Sn(ONa)_2$, löst:

$$SnCl_2 + 2\,NaOH = Sn(OH)_2 + 2\,NaCl$$
$$Sn(OH)_2 + 2\,NaOH = Sn(ONa)_2 + 2\,H_2O$$

Versuch 105. Ein etwa handgroßes Stück Stanniol wird unter dem Abzug mit 8 ccm Königswasser (6 ccm konz. Salzsäure + 2 ccm konz. Salpetersäure) übergossen, wobei das Metall durch das entstehende Chlor (vgl. Versuch 25) unter heftiger Reaktion als Stannnichlorid, $SnCl_4$, gelöst wird:

$$Sn + 4\,Cl = SnCl_4$$

Man verdampfe die Säuren auf dem Wasserbad, bis der Rückstand sirupös geworden ist. Beim Abkühlen und Kratzen mit dem Glasstab erstarrt das Stannichlorid zu einer weißen Masse, $SnCl_4 \cdot 5H_2O$.

Stannichlorid wird durch Entzinnen von Weißblechabfällen mit Chlor gewonnen und zusammen mit Wasserglas und Natriumphosphat zum Beschweren von Seide verwendet. Seide hat die Fähigkeit, solche Mengen jener Chemikalien aus wäßriger Lösung aufzunehmen, daß ihr Gewicht vervielfacht werden kann.

Man nehme das erhaltene Stannichlorid mit wenig verd. Salzsäure auf, teile die Lösung in zwei Teile und versetze:

a) mit wenig Natronlauge. Ausscheidung von Stannihydroxyd:

$$SnCl_4 + 4NaOH = Sn(OH)_4 + 4NaCl$$

Durch weiteren Zusatz von Natronlauge löst sich der Niederschlag unter Bildung eines Salzes, welches nicht die zu erwartende Formel $Sn(ONa)_4$ hat, sondern komplex zusammengesetzt ist:

$$Sn(OH)_4 + 2NaOH = [Sn(OH)_6]Na_2$$

b) Beim Einleiten von Schwefelwasserstoff fällt Stannisulfid, SnS_2, aus:

$$SnCl_4 + 2\,H_2S = SnS_2 + 4\,HCl$$

Man filtriere und übergieße den Rückstand mit etwas Schwefelammonium, das man zweckmäßig vorher in einem Reagensglas erwärmt. Das Schwefelzinn löst sich zu Ammoniumsulfostannat, $SnS_3(NH_4)_2$:

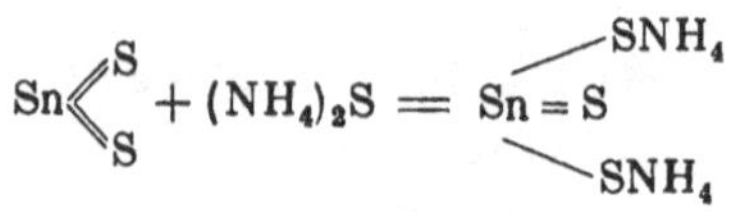

Versuch 106. Ein Stück Stanniol von etwa 1 g Gewicht wird in einer Schale unter dem Abzug mit 10 ccm verd. Salpetersäure übergossen. Das Metall geht unter heftiger Entwicklung von Stickoxyden in Metazinnsäure, SnO_3H_2 über:

$$\begin{matrix} NO\vdots OOH \\ NOO\vdots OH \end{matrix} + Sn = NO + NO_2 + SnO_3H_2$$

Man spüle den Inhalt der Schale in ein Reagensglas. Die Metazinnsäure erscheint als weiße pulvrige Substanz, die in Wasser und in verd. Natronlauge unlöslich ist.

10. Blei.

Versuch 107. Etwa 1 g Bleiglanz, PbS, wird gepulvert und mit 10 ccm konzentrierter Salpetersäure erwärmt. Hierbei findet Lösung zu Bleinitrat statt:

$$3\,PbS + 8\,NO_3H = 3\,Pb(NO_3)_2 + 3\,S + 2\,NO + 4\,H_2O$$

Ein Teil des Schwefels sammelt sich geschmolzen an, ein anderer wird durch die Salpetersäure zu Schwefelsäure oxydiert:

$$S + 2\,NO_3H = H_2SO_4 + 2\,NO$$

worauf Ausfällung von Bleisulfat erfolgt:

$$Pb(NO_3)_2 + H_2SO_4 = PbSO_4 + 2\,NO_3H$$

Man verdünne mit Wasser, filtriere, spüle das Bleisulfat mit der Spritzflasche in ein Becherglas, und erwärme mit einer Lösung von weinsaurem Ammonium und Ammoniak, die durch Lösen von etwas gepulverter Weinsäure in einem Überschuß von wäßrigem Ammoniak bereitet wurde. Die Lösung muß so viel Ammoniak enthalten, daß sie stark danach riecht. Das Bleisulfat geht als komplexes bleiweinsaures Ammonium in Lösung:

$$2\,PbSO_4 + 2\,C_4H_4O_6(NH_4)_2 + H_2O + 2\,NH_3$$
$$= [(C_4H_4O_6Pb)_2O](NH_4)_2 + 2\,(NH_4)_2SO_4$$

Durch diese Reaktion unterscheidet sich das Bleisulfat von dem ihm sonst ähnlichen Bariumsulfat. Dem komplexen Ammonium-plumbotartrat kann man folgende Konstitutionsformel geben:

```
COO.NH4           COO.NH4
|                 |
CHOH              CHOH
|                 |
CHOH              CHOH
|                 |
COO.Pb.O.Pb.OCO
```

Versuch 108. 3 g Bleioxyd (Bleiglätte, PbO) werden gepulvert, mit 3 g Cyankalium gemischt und im Rohr aus schwer schmelzbarem Glase oder im Tiegel geglüht. (Vorsicht! Vgl. Versuch 102.) In kurzer Zeit sammelt sich das geschmolzene Blei am Boden der Röhre an:

$$PbO + CNK = Pb + CNOK$$

Bleiglanz ist das wichtigste Bleierz. Es wird durch Rösten in Bleioxyd verwandelt und dann durch Glühen mit Koks reduziert.

$$PbS + 3O = PbO + SO_2$$
$$PbO + C = Pb + CO$$

Beim Rösten bleibt leicht ein Teil des Schwefelbleis unverändert, ein anderer oxydiert sich zu Bleisulfat. Beim Glühen geben aber auch diese Anteile metallisches Blei:

$$PbS + 2PbO = 3Pb + SO_2$$
$$PbS + PbSO_4 = 2Pb + 2SO_2$$

Versuch 109. Die bei Versuch 108 entstandenen Bleikörner werden durch Auslaugen des Cyankaliums und cyansauren Kaliums mit heißem Wasser isoliert. Nach gründlichem Auswaschen des Metalles, dem keine Cyanverbindung mehr anhaften darf, löse man es durch Erwärmen mit verdünnter Salpetersäure:

$$3\,Pb + 8\,NO_3H = 3\,Pb(NO_3)_2 + 4\,H_2O + 2\,NO$$

War die Säure nicht hinreichend verdünnt, so scheiden sich weiße Kristalle von Bleinitrat aus. In dem Falle muß mehr Wasser hinzugesetzt werden.

Man verteile die Lösung des Bleinitrats auf mehrere Reagensgläser und führe folgende Reaktionen aus:

a) Mit verdünnter Natronlauge entsteht ein weißer Niederschlag von Bleihydroxyd:

$$Pb(NO_3)_2 + 2\,NaOH = Pb(OH)_2 + 2\,NO_3Na$$

Der Niederschlag löst sich im Überschuß von Natronlauge:

$$Pb(OH)_2 + 2\,NaOH = Pb(ONa)_2 + 2\,H_2O$$

b) Mit verdünnter Salzsäure scheidet sich Bleichlorid, $PbCl_2$, aus. Beim Kochen mit Wasser geht es in Lösung, beim Abkühlen kristallisiert es wieder aus.

c) Beim Einleiten von Schwefelwasserstoff entsteht schwarzes Bleisulfid:

$$Pb(NO_3)_2 + H_2S = PbS + 2\,NO_3H$$

d) Der für Blei sehr charakteristische Niederschlag mit Schwefelsäure war bereits Gegenstand des Versuchs 107.

Versuch 110. Ein wenig Mennige, Pb_3O_4, wird mit verdünnter Salpetersäure übergossen, wodurch die rote Farbe verschwindet, und Spaltung in braunes Bleidioxyd (Bleisuperoxyd, PbO_2) und in Bleinitrat erfolgt:

$$Pb_3O_4 + 4\,NO_3H = PbO_2 + 2\,Pb(NO_3)_2 + 2\,H_2O$$

oder:

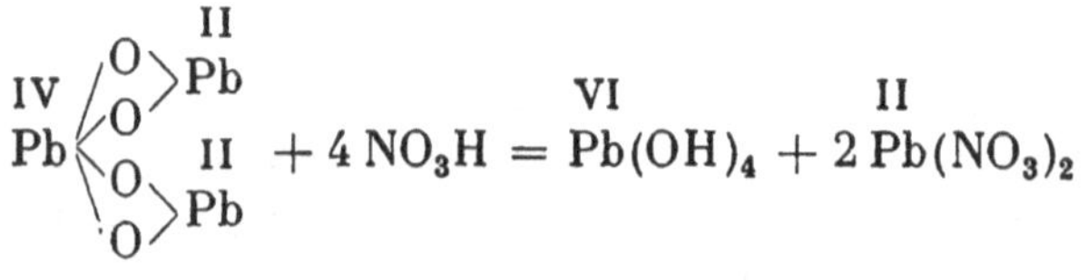

$$Pb(OH)_4 = Pb{\lessgtr}^{O}_{O} + 2H_2O$$

PbO_2 entspricht den Dioxyden SiO_2, CO_2 und SnO_2. Mennige ist demnach das Bleisalz der „Orthobleisäure“, $Pb(OH)_4$.

Man filtriere das Bleidioxyd von der Lösung des Bleinitrates ab, löse ein Kriställchen Tetramethyldiaminodiphenylmethan, $((CH_3)_2N.C_6H_4)_2CH_2$, in einigen ccm

Essigsäure und bringe dazu ein wenig des Bleidioxydschlammes, den man mit einem Glasstab vom Filter kratzt. Sofort findet intensive Blaufärbung statt, indem die organische Substanz oxydiert wird.

Mennige wird als Nebenprodukt der Natriumnitritfabrikation (vgl. Versuch 19a) gewonnen, indem man das dort abfallende Bleioxyd bei Luftzutritt erhitzt.

$$3\,PbO + O = Pb_3O_4$$

Mit Leinöl gemischt dient Mennige als Anstrichfarbe. Beim Kochen von Leinöl mit Mennige (oder anderen Blei- oder auch Manganverbindungen, „Siccativen") erhöht sich die Aufnahmefähigkeit des Leinöls für Luftsauerstoff, was für die Herstellung „rasch trocknender" Firnisse von Bedeutung ist. Das „Trocknen" beruht auf der Oxydation des Leinöls.

Mennige wird mit Sand und Kaliumkarbonat zu Bleiglas verschmolzen. Es bricht das Licht und glänzt stärker als Kalkglas und dient darum zur Herstellung von Ziergläsern.

Versuch 111. Eine Lösung von Bleiacetat oder eines anderen löslichen Bleisalzes erwärme man mit filtrierter Chlorkalklösung. Das im Chlorkalk enthaltene Calciumhydroxyd fällt Bleihydroxyd aus:

$$Pb(COCH_3)_2 + Ca(OH)_2 = Pb(OH)_2 + Ca(COCH_3)_2.$$

Dieses wird durch den Hauptbestandteil des Chlorkalks, CaCl(OCl) (gemischtes Salz der Salzsäure und der unterchlorigen Säure) zu Metableisäure PbO_3H_2 oxydiert:

$$Pb(OH)_2 + Ca\left\langle\begin{matrix}OCl\\Cl\end{matrix}\right. = Pb\begin{matrix}\diagup OH\\ =O\\ \diagdown OH\end{matrix} + CaCl_2$$

Erwärmt man ein wenig des so erhaltenen braunen Schlammes mit einer essigsauren Lösung von Tetramethyldiaminodiphenylmethan, so findet dieselbe Farbreaktion wie bei Versuch 110 statt. Die Metableisäure wirkt also ebenso oxydierend wie ihr Anhydrid, das Bleidioxyd, in das sie schon bei gelindem Erhitzen übergeht:

$$PbO_3H_2 = PbO_2 + H_2O.$$

Metableisäure („Bleisuperoxydschlamm") wird nach Art von Versuch 111 in der Industrie der Teerfarbstoffe benutzt. —

Stellt man zwei Bleiplatten, deren eine mit Bleisuperoxyd überzogen ist, in elektrisch leitender Verbindung und geeigneter Schaltung in verdünnte Schwefelsäure, so entsteht ein „Akkumulator". Indem sich die Bleiplatten mit Bleisulfat überziehen, und gleichzeitig auch die Bleidioxydschichten in Bleisulfat übergehen:

$$Pb + PbO_2 + 2SO_4H_2 = 2SO_4Pb + 2H_2O$$

wird ein elektrischer Strom erzeugt.

Versuch 112. 2 g Bleiweiß, $Pb(OH)_2 . 2PbCO_3$, werden durch gelindes Erwärmen mit 100 ccm verdünnter Salzsäure gelöst:

$$Pb(OH)_2 . 2\,PbCO_3 + 6\,HCl = 3\,PbCl_2 + 4\,H_2O + 2\,CO_2.$$

In die so entstandene Lösung von Bleichlorid stelle man ein blankes Stück Zink, worauf sich das Blei ausscheidet und Zink in Lösung geht:

$$PbCl_2 + Zn = Pb. + ZnCl_2$$

oder:

$$Pb^{\cdot\cdot} + Zn = Pb + Zn^{\cdot\cdot}$$

Bleiweiß wird durch Einhängen von Bleiplatten in Dämpfe von Essigsäure und in Kohlendioxyd dargestellt. Die Essigsäure bildet Bleiacetat, welches durch Kohlensäure und Wasser in basisches Bleikarbonat verwandelt wird.

Das Bleiweiß ist trotz seiner Giftigkeit ein zum Anstrich sehr viel gebrauchtes Pigment, weil seine Deckkraft (s. bei Lithopon) groß ist.

Die Ausscheidung des Bleies aus der Lösung seiner Salze durch Zink läßt sich auf die größere „Elektroaffinität" des Zinkes zurückführen. Man versteht darunter die Verwandtschaft der Atome zu den Elektronen. Sie ist beim Blei geringer als beim Zink und allgemein um so geringer, je edler ein Metall ist. Blei ist also edler als Zink. (Vgl. Versuch 89 und 96e.)

11. Arsen.

Versuch 113. Ein sehr kleines Stück Arsenerz (Arsenkies), FeSAs, wird im Glühröhrchen unter dem Abzug erhitzt. Das Arsen verdampft und erscheint als schwarzer Spiegel an der oberen Glaswandung:

$$FeSAs = FeS + As$$

Versuch 114. Eine sehr kleine Menge Arsentrioxyd (Arsenik), As_2O_3 wird mit wasserfreier Soda und mit Holzkohlepulver gemischt und geglüht. Auch hierbei entweicht Arsen:

$$As_2O_3 + 3\,C = 3\,CO + 2\,As$$

Die Reaktion gelingt auch ohne Soda, indessen kann in diesem Falle unreduziertes Arsentrioxyd entweichen, während es durch Soda als nicht flüchtiges arsenigsaures Natrium gebunden wird.

Durch Glühen von Arsenerzen in geschlossenen Retorten wird Arsen erhalten, das sich in anschließenden Vorlagen kondensiert. Durch Rösten bei Luftzutritt und Niederschlagen der Dämpfe in gemauerten Kanälen erhält man Arsenik. Arsen wird bei der Schrotbereitung in geringer Menge dem Blei zugesetzt und verleiht dadurch Härte. Arsenik dient zum Konservieren von Tierbälgen, zur Herstellung von „Schweinfurter Grün" (arsenig-essigsaurem Kupfer) und von Salvarsan.

Versuch 115. Reaktionen der arsenigen Säure. Etwa 1 g Arsentrioxyd wird mit ungefähr 50 ccm Wasser aufgekocht, wobei ein Teil unter Bildung von arseniger Säure, $As(OH)_3$, in Lösung geht:

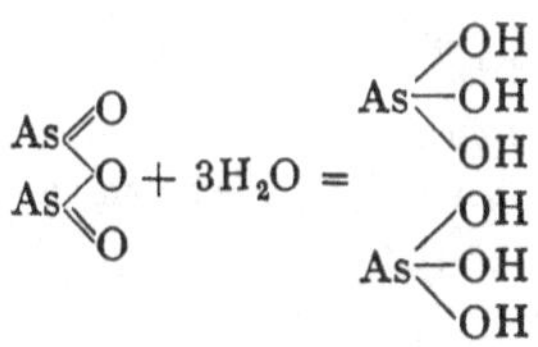

Man filtriere die Lösung und benutze das Filtrat zu folgenden Reaktionen:

a) Mit Silbernitrat und einem Tropfen Ammoniaklösung, den man zweckmäßig mit einem Glasstab hineinbringt, entsteht ein gelber Niederschlag von Silberarsenit, $As(OAg)_3$:

$$AsO_3H_3 + 3\,AgNO_3 + 3\,NH_4OH = AsO_3Ag_3 + 3\,NH_4NO_3 + 3\,H_2O$$

Der Zusatz von Ammoniak ist notwendig, da sonst Salpetersäure frei werden würde, und Silberarsenit sich in saurer Lösung nicht bildet. Andererseits ist ein Überschuß von Ammoniak zu vermeiden, da hierdurch der Niederschlag wieder in Lösung geht.

b) Schwefelwasserstoff scheidet aus der mit verdünnter Salzsäure versetzten Lösung gelbes Arsentrisulfid, As_2S_3, aus:

$$As(OH)_3 + 3\,H_2S = As(SH)_3 + 3\,H_2O$$

Die so entstehende **sulfoarsenige Säure**, $As(SH)_3$, ist unbeständig und zersetzt sich sofort unter Bildung des Trisulfides:

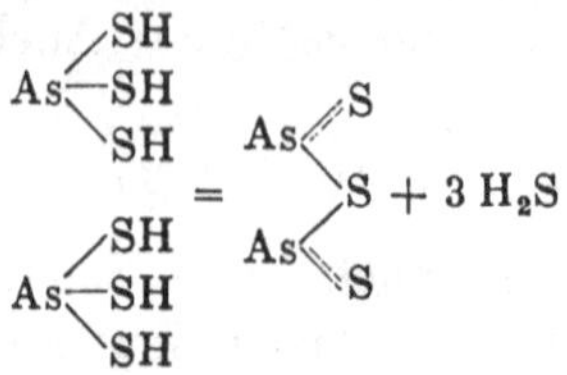

Der Zusatz von Salzsäure ist zur Ausfällung notwendig, weil das Trisulfid anderenfalls kolloidal gelöst bleibt. Man filtriere den Niederschlag und übergieße ihn auf dem Filter mit Schwefelammonium; er löst sich als **Ammoniumsulfarsenit**, $As(SNH_4)_3$, auf:

$$As_2S_3 + 3\,(NH_4)_2S = 2\,As(SNH_4)_3$$

oder

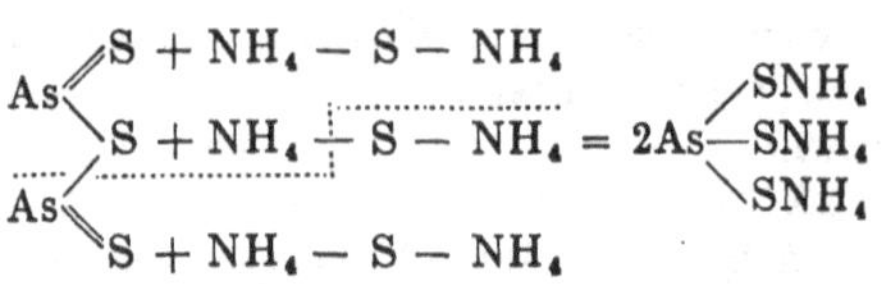

oder mit beiderseitiger Streichung der Ammoniumionen:

$$As_2S_3 + 3\,S'' = 2\,[AsS_3]'''$$

Da das Schwefelammonium des Laboratoriums zum Teil aus Ammoniumpolysulfid besteht, bildet sich außerdem **Ammoniumsulfarseniat**, $SAs(SNH_4)_3$:

$$As_2S_3 + 2\,(NH_4)_2S_2 + (NH_4)_2S = 2\,SAs(SNH_4)_3.$$

Versuch 116. Reaktionen der **Arsensäure**. Eine Lösung von Arsensäure oder Natriumarseniat, AsO_4Na_3 versetzt man:

a) mit Silbernitrat und Ammoniak wie bei Versuch 94 a. Es fällt **braunes Silberarseniat** aus:

$$AsO_4H_3 + 3\,AgNO_3 + 3\,NH_4OH = AsO_4Ag_3 + 3\,NH_4NO_3 + 3\,H_2O$$

b) beim Einleiten von Schwefelwasserstoff entsteht Schwefel und Arsentrisulfid:

$$AsO_4H_3 + H_2S = AsO_3H_2 + S + H_2O$$
$$2\,AsO_3H_3 + 3\,H_2S = As_2S_3 + 6\,H_2O$$

c) Magnesiamischung (s. Versuch 60) gibt entweder sofort oder beim Reiben der inneren Gefäßwand mit einem Glasstab kristallinisches **Magnesium-ammonium-arseniat**:

$$O{:}As\begin{cases}OH\\OH\\OH\end{cases} + MgCl_2 + 3\,NH_3 = O{:}As\begin{cases}ONH_4\\O\\O\end{cases}\!\!>Mg + 2\,NH_4Cl$$

Versuch 117. Darstellung von Schweinfurter Grün aus Kupferacetat und Natriumarsenit. 5 g Kupferacetat $(CH_3 . CO_2)_2Cu$ werden mit 50 ccm Wasser unter ständigem Umrühren auf 60—70° erwärmt. Sobald der größte Teil des Salzes in Lösung gegangen ist, wird filtriert und abgekühlt. Sollte beim Erkalten etwas Kupferacetat auskristallisieren, so filtriere man nochmals oder gieße vorsichtig von dem kristallinischen Niederschlag ab.

In einem anderen Gefäß wird 1 g Natriumarsenit mit 20 ccm Wasser aufgekocht. Infolge hydrolytischer Spaltung reagiert das Salz alkalisch und färbt darum einige Tropfen einer als Indikator hinzugesetzten, alkoholischen Phenolphthaleinlösung rot. Man bringe die rote Farbe durch tropfenweise Zugabe von verdünnter Essigsäure zum Verschwinden und gieße zu der siedenden Flüssigkeit die Lösung des Kupferacetats, nachdem diese auf eine Temperatur von höchstens 70° gebracht worden ist. Es entsteht ein grell grüner Niederschlag von der Formel

$$(CH_3CO_2)_2Cu . 3\,(AsO_2)_2Cu.$$

Arsenigsaures Natrium zerfällt hydrolytisch nach dem Schema:

$$As\begin{cases}ONa\\ONa\\ONa\end{cases} + H_2O \rightleftarrows As\begin{cases}O\\ONa\end{cases} + 2\,NaOH$$

Die abgespaltene Natronlauge wird mit Essigsäure neutralisiert, weil sonst beim darauffolgenden Zusatz von Kupferacetat Kupferhydroxyd ausfallen würde. Das arsenigsaure Kupfer, welches zusammen mit dem essigsauren Kupfer das Schweinfurter Grün bildet, entsteht nach der Gleichung

$$\begin{matrix}CH_3COO\\CH_3COO\end{matrix}\!\!>Cu + 2\,As\begin{cases}OH\\O\end{cases} = As\begin{cases}O-Cu-O\\O\qquad\quad O\end{cases}\!\!>As + 2\,CH_3COOH$$

Das Schweinfurter Grün ist ein wichtiges Mittel zum Schutz von Pflanzen, insbesondere von Reben, gegen Parasiten.

12. Antimon.

Versuch 118. Ein bohnengroßes Stück Grauspießglanz (Schwefelantimon, Sb_2S_3) wird fein gepulvert und in einer Porzellanschale mit 20 ccm konz. Salzsäure auf dem Wasserbad unter dem Abzug verrührt, wobei das Erz unter Entweichen von Schwefelwasserstoff als Antimontrichlorid in Lösung geht:

$$Sb_2S_3 + 6\,HCl = 2\,SbCl_3 + 3\,H_2S$$

Sollten größere Mengen des Minerals ungelöst bleiben, so erwärme man weiter mit noch etwas Salzsäure. Sobald der Schwefelwasserstoff vollkommen verjagt ist, was sich am Aufhören der Gasentwicklung erkennen läßt und ungefähr 10 Minuten dauert, dekantiere man von dem etwa verbleibenden Rückstand und stelle mit der Lösung folgende Reaktionen an:

a) mit Wasser fällt weißes Antimonoxychlorid (Antimonylchlorid, SbOCl) aus:

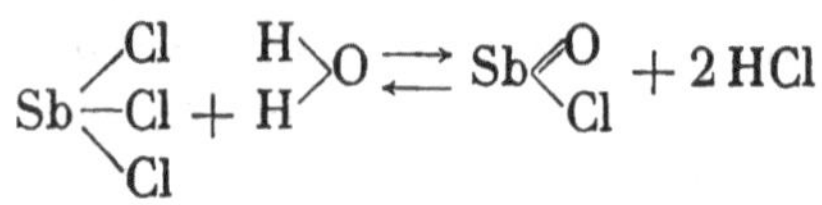

War beim Zersetzen des Erzes nicht jede Spur von Schwefelwasserstoff vertrieben worden, so mischt sich etwas Antimonsulfid dem Antimonoxychlorid bei (s. die Reaktionsgleichung bei b).

b) in einen Teil des Filtrates leite man Schwefelwasserstoff ein. Niederschlag von Antimontrisulfid, welches nicht wie das natürliche schwarz, sondern orangerot ist:

$$2\,SbCl_3 + 3\,H_2S = Sb_2S_3 + 6\,HCl$$

Grauspießglanz ist das wichtigste Antimonerz und wird durch Rösten und darauf folgende Reduktion oder durch Glühen mit Eisen:

$$Sb_2S_3 + 3\,Fe = 2\,Sb + 3\,FeS$$

auf Antimon verarbeitet. Das Metall dient zur Herstellung von Legierungen: Britanniametall (etwa 90 % Zinn, 9 % Antimon, 1 % Kupfer; für Hausgerät), Weißmetall (Antifriktionsmetall, dem vorigen ähnlich, für Stopfbüchsen). Das Antimon verleiht diesen Legierungen Härte. Hartblei (Blei mit etwa 15 % Antimon) erstarrt beim Gießen unter Ausdehnung, so daß die Gußformen scharf ausgefüllt werden. Daher die Verwendung für Buchdrucklettern.

Versuch 119. Eine wäßerige Lösung von Brechweinstein (antimonylweinsaurem Kalium), $[SbO.C_4H_4O_6]K$, zeigt die Reaktionen des Antimons. Mit wenig verd. Salzsäure entsteht ein weißer Niederschlag von Antimonylchlorid; Weinsäure, $C_4H_6O_4$, und Kaliumchlorid bleiben in Lösung:

$$[SbO.C_4H_4O_6]K + 2\,HCl = SbOCl + C_4H_6O_4 + KCl$$

Durch weiteren Zusatz von Salzsäure geht das Antimonylchlorid wieder in Lösung. Beim Einleiten von Schwefelwasserstoff fällt Antimontrisulfid aus.

Brechweinstein wird durch Kochen von Antimontrioxyd mit Weinstein (saurem weinsaurem Kalium) dargestellt:

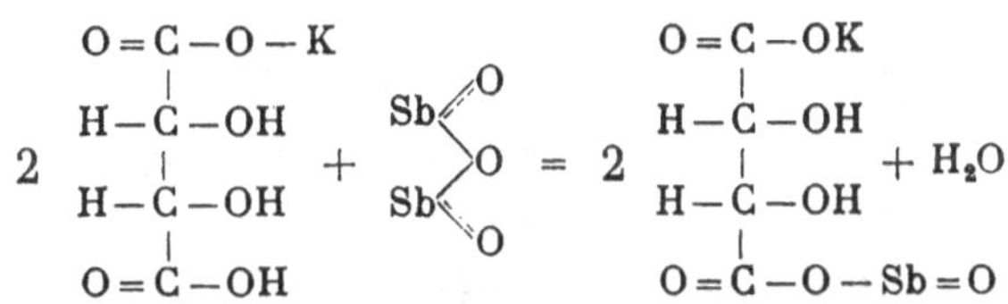

Es ist die technisch wichtigste Antimonverbindung, da sie in großen Mengen zum Beizen von Baumwolle beim Färben mit sogenannten basischen Farbstoffen dient.

13. Wismut.

Versuch 120. 21 g Wismut (= ca. $^1/_{10}$ Grammatom) werden im Stahlmörser gepulvert und in einem Becherglas unter dem Abzug durch Erwärmen mit 100 ccm verd. Salpetersäure vom spez. Gew. 1,2 in Wismutnitrat verwandelt:

$$Bi + 4\,NO_3H = Bi(NO_3)_3 + NO + 2\,H_2O$$

Die Lösung wird eingedampft und durch gelegentliches Abgießen einer Probe im Reagensglas auf Kristallisation geprüft. Dabei kühle man das Reagensglas in fließendem

Wasser ab und kratze mit einem Glasstab an der inneren Wandung. Sobald sich Kristalle zeigen, wird das Eindampfen unterbrochen und die Gesamtmenge der Kristallisation überlassen. Nach dem Abtropfen der Mutterlauge trocknet man die Kristalle, welche die Formel $Bi(NO_3)_2 . 5H_2O$ haben, auf Fließpapier.

Die so erhaltene Substanz wird gewogen und mit der 25fachen Menge Wassers hydrolysiert, wobei es sich empfiehlt, die Kristalle mit einem kleinen Teil des Wassers zu zerreiben und diese Mischung unter Umrühren in die Hauptmenge des Wassers einzugießen, die man vorher zum Sieden erhitzt hat. Die Hydrolyse verläuft nach dem Schema:

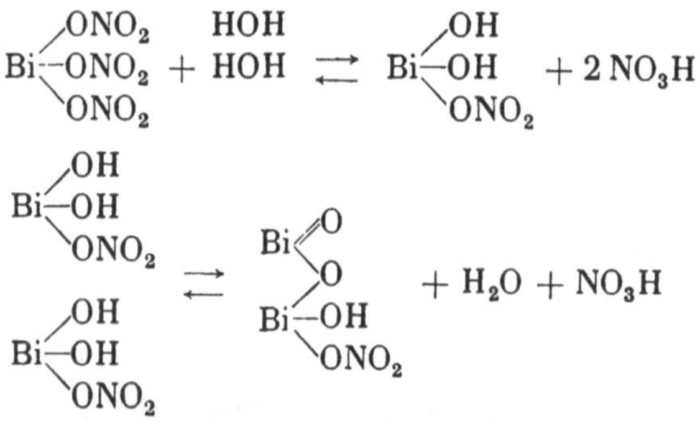

Dem so entstehenden, **basischen Wismutnitrat** sind noch andere ähnliche Salze beigemengt. Das Gemisch scheidet sich als schimmernder, kleinkristallinischer Niederschlag aus, den man nach dem Filtrieren auf Fließpapier trockne.

Wismut nähert sich den edeln Metallen, indem es zum großen Teil gediegen, obwohl in Mischung mit Arsen-, Nickel- und Kobalterzen, vorkommt. Es dient zusammen mit Blei, Zinn und Cadmium zur Herstellung **leichtflüssiger Legierungen**, besonders aber zur Darstellung von basischem Wismutnitrat („**Magisterium Bismuti**" des **deutschen Arzneibuches**) und von **basisch gallussaurem Wismut** („**Dermatol**", Wundheilmittel).

Versuch 121. Man löse ein wenig des basischen Wismutnitrates in verdünnter Salpetersäure:

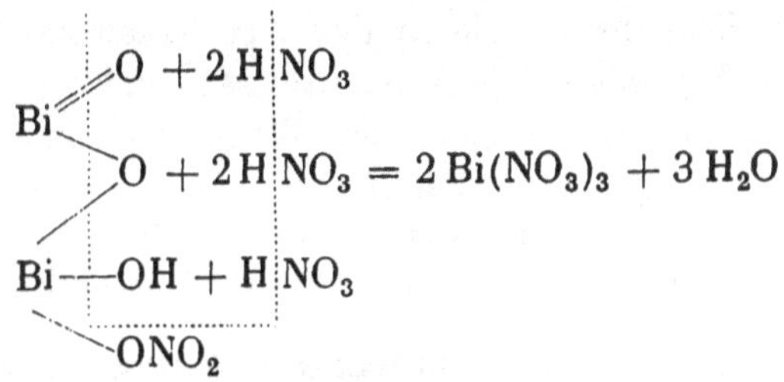

und führe damit folgende Reaktionen aus:

a) Mit Natronlauge entsteht ein Niederschlag von Wismuthydroxyd, $Bi(OH)_3$:

$$Bi(NO_3)_3 + 3\,NaOH = Bi(OH)_3 + 3\,NO_3Na$$

b) Beim Einleiten von Schwefelwasserstoff fällt braunes Wismutsulfid, Bi_2S_3, aus:

$$2\,Bi(NO_3)_3 + 3\,H_2S = Bi_2S_3 + 6\,NO_3H$$

c) Man stelle eine verdünnte Lösung von Stannochlorid her, indem man ein Kriställchen davon in mindestens 10 ccm Wasser löst. Dazu setze man tropfenweise verdünnte Natronlauge, bis der zuerst entstehende Niederschlag von Stannohydroxyd, $Sn(OH)_2$, unter Bildung von Natriumstannit $Sn(ONa)_2$ in Lösung gegangen ist:

$$SnCl_2 + 2\,NaOH = Sn(OH)_2 + 2\,NaCl$$
$$Sn(OH)_2 + 2\,NaOH = Sn(ONa)_2 + 2\,H_2O$$

Werden jetzt einige Tropfen Wismutnitratlösung hinzugegeben, so scheidet sich zuerst unter dem Einfluß der Natronlauge Wismuthydroxyd, dann metallisches Wismut in Form eines schwarzen Niederschlages aus:

$$2\,Bi(OH)_3 + 3\,Sn(ONa)_2 = 2\,Bi + 3\,SnO{\begin{matrix} ONa \\ ONa \end{matrix}} + 3\,H_2O$$

d) Einige ccm von Nylanders Reagens werden mit wenig Traubenzucker erwärmt. Auch hierbei scheidet sich, wie bei Versuch c, metallisches Wismut aus.

Nylanders Reagens ist die in den Apotheken käufliche Mischung von 2 g basischem Wismutnitrat und 4 g Seignettesalz (Natrium-Kaliumsalz der Weinsäure) in 100 g Natronlauge von 5% NaOH-Gehalt.

Die Zinnverbindung wirkt also reduzierend, indem das anfangs zweiwertige Zinn vierwertig wird. Das entstehende Natriumstannat bleibt in Lösung.

Wismut äußert hier seinen Charakter als halbedles Metall, indem es den Säurerest mit Leichtigkeit abgibt.

Die Metalle Arsen, Antimon, Wismut, Zinn, Blei ähneln sich, weil sie

1. in manchen Reaktionen metalloiden (säurebildenden) Charakter haben,
2. niedriger schmelzen als andere Schwermetalle. Die Schmelzpunkte sind in Celsiusgraden ungefähr:

Eisen 1540	Zinn 231
Nickel 1484	Blei 327
Chrom 1580	Arsen 480
Mangan 1245	Antimon 630
Kupfer 1083	Wismut 270.
Silber 960	
Gold 1063	

Die Verwendung der niedrig schmelzenden Metalle liegt deshalb zum Teil auf den Gebieten der Kleinindustrie (Löten, Gießen leicht schmelzender Legierungen, Formen von Röhren, Herstellung von Zinnsoldaten usw.), während die strengflüssigen Metalle wirksamerer Feuerungsmethoden bedürfen.

Register.

Abschrecken 55.
Aethylgruppe 17.
Aetznatron 5.
Aetzstrontian 33.
Akkumulator 80.
Alaun 40, 41, 57.
Alizarin 43, 54, 59.
Alkalische Reaktion 5.
Alkohol 16.
Aluminium 36.
Aluminiumchlorid 36.
Aluminiumhydroxyd 37.
Aluminiumsulfat 40, 41.
Aluminiumoxyd 40.
Amalgam 70.
Amalgamationsverfahren 68.
Aminomercurichlorid 69.
Aminomercurochlorid 70.
Ammoniak 17.
Ammoniaksoda 21.
Ammonium 17, 18.
Ammoniumbicarbonat 21.
Ammoniumcarbonat 19, 21.
Ammoniumchlorid 18.
Ammoniumhydroxyd 17.
Ammonium-magnesiumphosphat 31, 36.
Ammonium-molybdat 30.
Ammoniumoxalat 28.
Ammoniumplumbotartrat 77.
Ammoniumsulfarseniat 82.
Ammoniumsulfarsenit 82.
Ammoniumsulfat 19.
Ammoniumsulfostannat 76.
Anilinfarben 8.
Anlassen 55.
Anstrichfarben 49, 79.
Antichlor 14.
Antifriktionsmetall 84.
Antimon 84.
Antimonoxychlorid 84.
Antimontrichlorid 84.
Antimontrioxyd 85.
Antimonsulfid 84, 85.
Antimonylchlorid 84, 85.
Antimonylweinsaures Kalium 85.
Arsen 80.
Arsenerze 80, 81.
Arsenige Säure 81.
Arsenigsaures Natrium 81, 83.
Arsenik 81.
Arsenkies 80.
Arsensäure 82.
Arsentrioxyd 81.
Arsentrisulfid 81.
Ausschütteln 4.
Azofarbstoffe 9.

Barytwasser 33.
Baryum 25.
Baryumchlorid 12, 33.
Baryumchromat 58.
Baryumhydroxyd 33.
Baryumkarbonat 34.
Baryumsulfat 11, 12, 34.
Baryumsulfit 11.
Basen 5.
Bauxit 39.
Beize 43, 54, 57, 59, 85.
Berlinerblau 54.
Bessemerbirne 31, 51.
Bistrontiumsaccharat 33.
Bittersalz 36.
Blattgold 73.
Blauholzextrakt 55.
Blausäure 52.
Blei 76.
Bleiacetat 79.
Bleichlorid 78.
Bleichkalk 4.
Bleidioxyd 78.
Bleiglätte 77.
Bleiglanz 15, 76.
Bleiglas 79.
Bleihydroxyd 78, 79.

Bleikammerverfahren 12.
Bleikarbonat,basisches 80.
Bleinitrat 76, 77.
Bleioxyd 77.
Bleisulfat 63, 76.
Bleisulfid 78.
Bleisuperoxyd 78, 80.
Bleiweinsaures Ammonium 76.
Bleiweiß 80.
Bohnerz 54.
Borax 15.
Borokalzit 16.
Boronatrokalzit 16.
Borsäure 16.
Brauneisenstein 54.
Braunstein 3, 61.
Brechweinstein 23, 85.
Britanniametall 84.
Brom 4.
Bromkalium 4.
Bromnatrium 4.
Bronze 75.
Buchdrucklettern 85.

Calcium 25.
Calciumbicarbonat 26.
Calciumcarbid 32.
Calciumcarbonat 25.
Calciumcarbonat, saures 26.
Calciumchlorid 27.
Calciumchlorid, basisches 27.
Calciumcyanamid 32.
Calciumhydroxyd 25.
Calciumnitrat 32.
Calciumoxalat 28.
Calciumoxyd 25.
Calciumphosphate 28, 29, 31.
Calciumsulfat 19, 27.
Calciumsulfid 25.
Carbamid 20.
Carnallit 22.
Carbolsäure 8.
Carboxylgruppe 6, 17.
Cement 44.
Chilesalpeter 7.
Chlor 3.
Chlorkalk 3, 4, 79.
Chloroform 3.
Chlorsilber 2, 72.
Chlorwasser 3.
Chlorwasserstoff 1.
Chlorzink 48.
Chrom 56.
Chromalaun 56.
Chromeisenstein 58.
Chromihydroxyd 57.
Chromioxyd 58.
Chromisulfat 57.
Chromlack 59.
Chromnickelstahl 56.
Chromsaures Kalium 58.
Chromstahl 59.
Clarkesche Seifenlösung 27.
Cölestin 32.
Cupriferrocyanid 65.
Cuprihydroxyd 64.
Cupriweinsaures Natrium 65.
Cuprohydroxyd 65.
Cuprojodid 65.
Cuprooxyd 65.
Cyanamid 32.
Cyankalium 52, 53.
Cyannatrium 53.
Cyanwasserstoff 52.

Desinfektionsmittel 68.
Dermatol 86.
Diaminsilberchlorid 72.
Dinitroso-ferrosulfat 7.
Diphenylamin 7.
Dissoziation 15.
Dolomit 35.
Doppelsalz 22.
Düngemittel 19, 22, 29, 31.
Eisen 50.
Eisencarbid 55.
Eisenglanz 54.
Eisenkies 52.
Eisenspat 54.
Eisenvitriol 50.
Elektroaffinität 80.
Elektrolytische Dissoziation 3.
Elektronen 80.
Eosin 4.
Erdalkalimetalle 33.
Essig-arsenigsaures Kupfer 64, 81.
Essigsäureäthylester 16.
Essigsaures Aluminium, basisch 43.
Essigsaures Eisen, basisch 54.
Essigsaures Natrium 16, 43.
Ester 17.

Färben 43.
Farbstoffe 8, 9, 43, 54, 59, 61.
Farblack 43, 54, 59.
Fehlingsche Lösung 65.
Feldspat 44.
Ferrichlorid 53.
Ferrihydroxyd 51, 53, 54.
Ferrioxyd 54.
Ferrirhodanid 54.
Ferritannat 53, 54.
Ferriverbindungen 53.
Ferrocarbonat 54.
Ferrochrom 58.
Ferrocyankalium 52, 53, 54.
Ferrocyanid 52.
Ferrocyannatrium 53.
Ferrohydroxyd 51.
Ferrosulfat 50.
Ferrosulfid 52.
Ferroverbindungen 51.
Feste Lösung 50.

Firnis 79.
Flammenfärbung 33.
Fettsäure 6.
Fettsaures Calcium 27.

Gallussaures Wismut, basisch 86.
Galmei 47.
Gangart 63.
Garnierit 56.
Gebrannter Kalk 25.
Gelöschter Kalk 26.
Gerbung 43, 59.
Gerbsäure 53.
Gerbsaures Eisen 53.
Gips 19, 27.
Glas 1, 22, 46.
Glukose 65.
Gold 71.
Goldextraktion 53, 68, 73.
Grammolekül 41.
Granit 44.
Grauspießglanz 84.

Haber-Bosch-Verfahren 17.
Haematit 54.
Harnstoff 20, 32.
Hartblei 85.
Heteropolysäuren 30.
Hexamin-nickelsulfat 56.
Hexamin-Zinkhydroxyd 49.
Hochofen 50.
Höllenstein 72.
Hydrolyse 15.
Hydroxylion 5.

Indigkarmin 3.
Indikator 6, 83.

Jod 4.
Jod-Jodkalium 11.
Jodkali-stärkepapier 9.
Jodkalium 4.
Jodnatrium 4.
Jodoform 4.
Jodsäure 4.
Jonen 3.

Kainit 23.
Kali 23.
Kalisalpeter 24.
Kalisalze 23, 24.
Kalium 22, 23.
Kaliumaluminiumsulfat 41.
Kaliumauricyanid 73.
Kaliumaurocyanid 73.
Kaliumbichromat 59.
Kaliumcarbonat 24.
Kaliumchlorid 22.
Kaliumchromat 58.
Kaliumgoldcyanid 73.
Kaliumhydroxyd 24.
Kaliummanganat 61.
Kaliumnitrat 24.
Kaliumperchlorat 23.
Kaliumpermanganat 61.
Kaliumsilikat 45.
Kaliumtrijodid 11.
Kaliumzinkcyanid 73.
Kälteerzeugung 17.
Kalkbrennen 27.
Kalklöschen 25.
Kalkmilch 26.
Kalkseife 28.
Kalkstein 25.
Kalkstickstoff 31.
Kalkwasser 26.
Kalomel 70.
Kalzinierte Soda 21.
Keramik 44.
Kernseife 6, 24.
Kesselstein 27.
Kieselsäure 44.
Kippscher Apparat 21, 26, 66.
Knallgas 2.
Knallquecksilber 68.
Knochen 29.
Königswasser 11, 62.
Kohlendioxyd 20.
Kohlenoxyd 2, 25.
Kohlensäure 20.
Kohlensaures Ammonium 21.
Kohlensaures Calcium 25.
Kohlensaures Magnesium 34.
Kohlenstoff 17.
Kohlenwasserstoffe 50.
Kolloid 38.
Komplexe Jonen 14.
Komplexe Salze 14.
Kontaktverfahren 12.
Konversionssalpeter 24.
Kreide 25, 27.
Kristalloid 38.
Kristallsoda 22.
Kristallwasser 13.
Kryolith 40.
Kunstseide 8.
Kupfer 62.
Kupferkies 62, 64.
Kupfernitrat 63.
Kupfernitrat, basisch 64.
Kupferoxyd 64.
Kupferoxydul 65.
Kupfersulfat 63, 64.
Kupfersulfid 66.
Kupfervitriol 64.

Lackmus 1, 6.
Leblanc-Soda 25.
Leder 59.
Legierungen 86, 88.
Leinöl 79.
Leuchtgas 2, 17, 52.
Lithopon 49.

Magisterium Bismuti 86.
Magnesia alba 36.
Magnesiamischung 30, 36, 82.
Magnesit 34.
Magnesium 34.

Magnesium-ammonium-arseniat 82.
Magnesiumcarbonat 34.
Magnesiumchlorid 22, 35.
Magnesiumhydroxyd 31, 34, 35.
Magnesiumoxyd 34.
Magnesiumpulver 35.
Magnesiumsulfat 36.
Mangan 60.
Manganbister 61.
Mangandioxyd 3, 60, 61.
Manganige Säure 60.
Manganin 56.
Manganochlorid 60.
Manganohydroxyd 60.
Manganosulfid 60.
Mangantetrachlorid 3.
Marmor 25.
Melasse 33.
Mennige 78, 79.
Metazinnsäure 76.
Methan 2.
Mercurichlorid 68.
Mercurichlorwasserstoffsäure 68.
Mercurichlorwasserstoffsaures Natrium 69.
Mercurijodid 69.
Mercurioxyd 69.
Mercurisulfat 68.
Mercurisulfid 69.
Mercurochlorid 70.
Mercuronitrat 70.
Mercurooxyd 70.
Messing 65, 66.
Metableisäure 79.
Metallhydroxyde 5.
Mineralphosphat 29.
Minette 54.
Mörtel 26.
Molybdänsäureanhydrid 30.
α-Naphthylamin 9.
Natrium 5, 53.
Natriumacetat 43.
Natriumaluminat 37.
Natriumaluminiumfluorid 40.
Natriumarsenit 81, 83.
Natriumbicarbonat 21.
Natriumbichromat 59.
Natriumbisulfit 10.
Natriumcarbonat 19, 20.
Natriumchlorid 1, 5.
Natriumchromat 59.
Natriumchromit 57.
Natriumhydrosulfit 13.
Natriumhydroxyd 5.
Natriumnitrat 7, 19.
Natriumnitrit 8, 9.
Natriumphosphat 28, 29.
Natriumsilikat 45.
Natriumstannit 75.
Natriumsulfat 1.
Natriumsulfid 15.
Natriumsulfit 10.
Natriumtetrathionat 13.
Natriumthiosulfat 13.
Natriumzinkat 48.
Natronlauge 5.
Neßlers Reagens 18, 69.
Neusilber 56.
Neutrale Reaktion 6.
Nickel 56.
Nickelhydroxyd 56.
Nickellegierungen 56.
Nickel-magnesiumsilikat 56.
Nickelmünzen 56.
Nickelsalze 56.
Nickelstahl 56.
Nickelsulfat 56.
Nickelsulfid 56.
Nitrit 8.
Nitrobenzol 8.
Nitrocellulose 8.
Nitroglycerin 8.
Nitrogruppe 8.
Nitrosylchlorid 12.
Nylanders Reagens 87.

Orthobleisäure 78.
Osmose 38.
Oxydation 8.
Oxydationsmittel 7.
Oxy-quecksilberammoniumjodid 18.

Pflanzenschutz 83.
Phenol 8.
Phenolphthalein 5, 83.
p-Phenolsulfosaures Natrium 7.
Phosphorit 29.
Phosphormolybdänsäure 30.
Phosphormolybdänsaures Ammonium 30.
Phosphorpentoxyd 31.
Phosphorsäure 29.
Phosphorsäureanhydrid 31.
Photographie 15.
Pikrinsäure 8.
Pikrinsaures Natrium 8.
Platinchlorwasserstoffsäure 23.
Platinchlorwasserstoffsaures Kalium 23.
Portlandzement 44.
Porzellan 44.
Puddelofen 51.
Pyrit 11, 52.

Quecksilber 67.
Quecksilberjodid 18.
Quecksilberkaliumjodid 18, 69.
Quecksilbersalbe 69.
Quecksilbersulfat 68.
Quecksilbersulfid 67.

Raseneisenstein 52, 54.
Reduktion 8.
Rhodankalium 54.
Rösten 50, 77.
Roheisen 50.
Roteisenerz 54.
Rotkupfererz 65.

Saatbeize 71.
Säureanhydrid 10.
Säure, Definition 2, 5.
Salmiak 18.
Salpeter 3, 4, 7.
Salpetersäure 3, 7.
Salpetrige Säure 8.
Salz, Definition 6.
Salzsäure 1.
Salvarsan 81.
Schießbaumwolle 8.
Schmelzpunkte der Metalle 88.
Schmiedeeisen 55.
Schmierseife 6, 24.
Schrot 81.
Schwefel 10.
Schwefelammonium 49.
Schwefelantimon 84.
Schwefelblei 15, 77.
Schwefelblumen 12.
Schwefeldioxyd 10.
Schwefeleisen 11.
Schwefelkies 11, 52.
Schwefelkupfer 66.
Schwefelsäure 10, 11, 12.
Schwefelsilber 14, 73.
Schwefeltrioxyd 11.
Schwefelwasserstoff 15, 52, 66.
Schwefelzink 47, 50.
Schwefelzinn 75, 76.
Schweflige Säure 10.
Schweinfurter Grün 64, 81, 83.
Schweißung, autogene 2.
Schwermetalle 47.
Seidenbeschwerung 55, 75.
Seife 6.
Siccative 79.
Siemens-Martinofen 51.
Silber 14, 71.
Silberarseniat 82.
Silberarsenit 81.
Silberbromid 4.
Silberchlorid 2, 4.
Silbermünzen 72.
Silbernitrat 2, 71.
Silberoxyd 72.
Silbersulfid 14, 73.
Silberthiosulfat 14.
Stärkezucker 65.
Stahl 55.
Stangenschwefel 12.
Stannichlorid 74, 75.
Stanniol 75.
Stannisulfid 75.
Stannochlorid 74, 75.
Stannosulfid 75.
Staßfurter Salze 22, 23, 24.
Stearinsäure 6.
Stearinsaures Kalium 6, 27.
Stearinsaures Natrium 6, 27.
Steinkohle 2, 17.
Stickoxyd 7, 8, 9.
Stickstoff 20.
Stickstoffdioxyd 7, 9.
Stickstoffdünger 19.
Stöchiometrisches Rechnen 42.
Strontianit 32.
Strontium 25.
Strontiumchlorid 32.
Strontiumhydroxyd 33.
Strontiumsulfat 32.
Soda 1, 19, 21, 22.
Spezifische Gewichte der Metalle 47.
Sublimat 68.
Sulfanilsaures Natrium 9.
Sulfarsenige Säure 82.
Sulfate 10.
Sulfide 15, 67.
Sulfite 10.
Sulfocyankalium 54.
Superphosphat 29.

Tannin 53.
Teerfarbstoffe 4.
Tetraborsäure 15.
Tetracalciumphosphat 31.
Tetramethyl-diamino-diphenyl-methan 78, 79.
Tetramin-cuprinitrat 64.
Thioschwefelsäure 13.
Thomasmehl 31.
Tinte 53.
Ton 44.
Tonerde 44.
Traubenzucker 65.
Tricalciumphosphat 28.

Überchlorsäure 23.
Ultramarin 45.
Uspulun 70.

Walzblech 47.
Wasser 27.
Wasserglas 45.
Wasserstoff 1.
Wasserstoffion 5.
Wasserstoffsuperoxyd 62.
Weinsäure 23, 85.
Weinsaures Ammonium 76.
Weinsaures Kalium, saures 23, 85.
Weinstein 23, 85.
Weißblech 74.

Weißmetall 84.
Wismut 85.
Wismuthydroxyd 87.
Wismutnitrat 85.
Wismutnitrat, basisch 86.
Wismutsulfid 87.
Zink 47.
Zinkblech 47.
Zinkblende 15, 47.
Zinkcarbonat 47, 49.
Zinkhydroxyd 48.
Zinkoxyd 47.
Zinksulfid 49.
Zinn 73.
Zinnblech 74.
Zinnober 67, 68.
Zinnstein 73.
Zitratlöslichkeit 31.
Zuckernachweis im Harn 65.

Walter de Gruyter & Co. Berlin W 10 und Leipzig
Postscheckkonto: Berlin NW 7 Nr. 59533

Im Sommer 1926 erscheint:

Blüchers Auskunftsbuch
für die chemische Industrie

Dreizehnte, völlig umgearbeitete Auflage

besorgt von **Dr. Otto Lange**
Dozent an der Technischen Hochschule zu München

Lexikon-Oktav. Gesamtumfang etwa 90 Druckbogen
In Leinwand gebunden etwa Rm. 70.—

Als Hand- und Nachschlagebuch geradezu unentbehrlich für jeden, der mit der chemischen Industrie in Verbindung steht.

Drogenkunde

Bearbeitet von

Georg Ottersbach und **Richard Dorstewitz**
Drogistenfachlehrer in Hamburg — Schriftleiter der Drogistenzeitung in Leipzig

Zweite Auflage

1921. Oktav. 131 Seiten. Geb. Rm. 1.50
(Sammlung Göschen Band 413)

Warenkunde

Von

Regierungsrat Dr. Karl Hassack
Direktor der Bundeshandelsakademie in Graz

I. Band: Anorganische Waren. Vierte, ergänzte Auflage. 1921. Oktav. 141 Seiten. Mit 34 Abbildungen. Geb. Rm. 1.50
(Sammlung Göschen Band 222)

II. Band: Organische Waren. Vierte, ergänzte Auflage. 1922. Oktav. 150 Seiten. Mit 36 Abbildungen. Geb. Rm. 1.50
(Sammlung Göschen Band 223)

Walter de Gruyter & Co. Berlin W 10 und Leipzig
Postscheckkonto: Berlin NW 7 Nr. 59533

Praktische Einführung in die allgemeine Chemie. Anleitung zu physikalisch chemischen Praktikum und selbständiger Arbeit. Von Max Trautz, e. a. o. Professor für physikalische Chemie und Elektrochemie an der Universität Heidelberg. Mit 187 Abbildungen. Groß-Oktav. XII, 375 Seiten. 1917. Geh. Rm. 10.—, geb. Rm. 11.—

Die Praxis des organischen Chemikers. Von L. Gattermann. Neunzehnte, vollständig neu bearbeitete Auflage von Heinrich Wieland. Mit 52 Abbildungen. Groß-Oktav. XII, 379 Seiten. 1925. Geb. Rm. 15.—

Lehrbuch der organischen Chemie für Studierende an Universitäten und technischen Hochschulen Von Dr. A. F. Holleman, o. Professor der Chemie an der Universität Amsterdam. Siebzehnte, verbesserte Auflage. Mit 74 Figuren. Oktav. X, 512 Seiten. 1924. Geb. Rm. 20.—

Lehrbuch der anorganischen Chemie für Studierende an Universitäten und technischen Hochschulen. Von Dr. A. F. Holleman, o. Professor der Chemie an der Universität Amsterdam. Achtzehnte, verbesserte Auflage. Mit 77 Figuren und einer Spektraltafel. Oktav. XII, 492 Seiten. 1925. Geb. Rm. 20.—

Einfache Versuche auf dem Gebiete der organischen Chemie. Eine Anleitung für Studierende, Lehrer an höheren Schulen und Seminaren, zum Selbstunterricht. Von Dr. A. F. Holleman, o. Professor der Chemie an der Universität Amsterdam. Dritte, verbesserte Auflage. Oktav. X, 92 Seiten. 1924. Geb. Rm. 2.80

Praktikum des anorganischen Chemikers. Von Emil Knoevenagel, Professor an der Universität Heidelberg. Dritte Auflage. Groß-Oktav. XXVIII. 386 Seiten. Mit zahlreichen Figuren, 4 Tabellen und 9 Tafeln. 1920. Geb. Rm. 12.80

Einführung in die anorganische Experimentalchemie. Von Otto Diels, o. Professor an der Universität Kiel. Mit 145 Abbildungen im Text. Groß-Oktav. XXVIII, 446 Seiten. 1922. Geh. Rm. 9.—, geb. Rm. 10.50

Experimentelle Einführung in die anorganische Chemie. Von Heinrich Biltz, o. Professor an der Universität Breslau. Zwölfte bis vierzehnte Auflage. Groß-Oktav. VI, 130 Seiten mit 15 Figuren. 1924. Geb. Rm. 4.80

Qualitative Analyse unorganischer Substanzen. Von Dr. Heinrich Biltz, Professor der Chemie an der Universität Breslau. Achte bis zehnte Auflage. Mit 8 Figuren. Groß-Oktav. IV, 64 Seiten. 1920. Geb. Rm. 2.20

MIX
Papier | Fördert gute Waldnutzung
FSC® C083411

Zeitfracht Medien GmbH
Ferdinand-Jühlke-Straße 7
99095 Erfurt, Deutschland
produktsicherheit@kolibri360.de